Vom Zellverband zum Individuum

Von

Dr. O. Steche
Professor der Zoologie
Leipzig

1. bis 5. Tausend

Mit 72 Abbildungen

Berlin · Verlag von Julius Springer · 1929

ISBN 978-3-642-98198-2   ISBN 978-3-642-99009-0 (eBook)
DOI 10.1007/978-3-642-99009-0

Alle Rechte, insbesondere das der Übersetzung
in fremde Sprachen, vorbehalten.
Copyright 1929 by Julius Springer in Berlin.
Softcover reprint of the hardcover 1st edition 1929

Verständliche Wissenschaft

Zehnter Band

Vom Zellverband zum Individuum

Von

O. Steche

Berlin · Verlag von Julius Springer · 1929

Inhaltsverzeichnis.

Seite

Einleitung 1

1. Die frei lebende Einzelzelle 4

Beobachtung lebender Einzeller im Aufguß. Die Urlebewesen. Bau und Leistungen eines Wechseltierchens. Aufnahme von Reizen ohne Sinnesorgane. Vermehrung durch Teilung. Die Grundleistungen der lebenden Substanz. Die urtümlichsten Menschen der Gegenwart. Gleichen sie dem Urmenschen?

2. Zellverbände 10

Die Kugeltierchen. Der Aufbau eines einfachsten Zellverbandes. Idealer Kommunismus. Die Entstehung neuer Verbände durch Teilung einzelner Zellen. Körper- und Keimzellen. Die Erfindung des Todes. Die erste Arbeitsteilung.

3. Sonderung der Zellformen 14

Das Wasser als günstigste Stätte für einfache Lebewesen. Weltbürgertum der ursprünglichsten Lebensformen. Der Süßwasserpolyp. Ein gefährlicher Räuber in der Kleintierwelt. Die Entstehung der Zweischichtigkeit. Haut und Darm. Die Arbeitsteilung unter den Körperzellen. Die Nesselkapseln. Sinnes- und Nervenzellen. Die Muskelfibrillen. Zunahme der Zellenzahl als Voraussetzung der Spezialisierung. Die Entstehung der Berufe in der menschlichen Gesellschaft.

4. Die Herausbildung der Organe 24

Der Zusammenschluß gleichartiger Zellen zu Organen. Schalen und Panzer. Die Kreidefelsen von Rügen. Muscheln und Schnecken. Stachelhäuter. Schutz der Lufttiere vor Austrocknung. Die Panzer der Gliederfüßer und die Hornhaut der Wirbeltiere. Bewegungsorgane. Wimpern. Skelettmuskeln. Der Darm. Ernährung der Innenschmarotzer. Zähne und Mundgliedmaßen. Die Magenmühle. Die Leber. Atemorgane. Kiemen und Lungen. Die Gasleitung der Insekten. Warum der Maikäfer zählt. Ausscheidungsorgane. Sinnesorgane. Vom Helligkeitssinn zum Auge. Die Entstehung des Gehörorgans. Die Organe der Fortpflanzung und Begattung. Hilfsapparate zum Zusammenfinden der Geschlechter. Organbildung in menschlichen Gemeinschaften.

		Seite

5. Die Herausbildung der Körperform 61

Die strahlige Symmetrie bei freischwimmenden und festsitzenden Lebewesen. Die Entstehung der Zweiseitigkeit und Segmentierung durch die Kriechbewegung. Gliederung in Kopf, Rumpf und Schwanz. Entwicklung und Differenzierung der Beine. Flugorgane.

6. Die Bilanz der Arbeitsteilung 72

Harmonie mit der Umgebung als Folge der Anpassung. Leistungssteigerung durch immer vollkommenere Anpassung an die sich stetig ändernde Umwelt. Anpassungsmerkmale und Bauplanmerkmale. Das Bessere ist der Feind des Guten. Die Tierwelt als lebendes Museum der Technik. Die Erhöhung der Leistung durch Steigerung der Zellenzahl, ihre Schwierigkeiten und ihre Grenzen. Oberflächenvergrößerung durch Faltung. Darmzotten und Lungenbläschen. Die Entstehung der Muskelbündel. Begrenzung der Größe durch das Gewicht. Vorteil der Wassertiere. Leistungssteigerung durch Verbesserung der spezifischen Leistung. Nachteile der Einseitigkeit. Ein moderner Robinson? Arbeitsteilung und Kultur im Menschenstaat. Verschiebung von körperlicher zu geistiger Arbeit.

7. Die Zentralisation im Zellverband 84

Stoffleitung und Reizleitung. Verzweigte Därme als Leitungsbahnen. Die Erfindung der Leibeshöhle und die Entstehung der Blutgefäße. Das Herz als zentrale Pumpstation. Ventile und Herzklappen. Der Puls. Offene und geschlossene Gefäßsysteme. Aufbau organischer Stoffe in der Pflanze. Ihr Abbau bei der Verdauung durch die Fermente. Die Aufbauarbeit der Darmwand. Rationalisierung und Typisierung der Zellnahrung. Arteigene Eiweißkörper. Störungen bei Infektionskrankheiten. Die weißen Blutkörperchen als Schutzpolizei. Schutzimpfung und Antiserum. Artfremde Eiweißkörper als Gifte. Bluttransfusion und Blutgruppen.

8. Die Vereinheitlichung der Arbeitsbedingungen . . . 102

Die Bedeutung der Mineralsalze. Diffusion und Osmose. Osmotischer Druck. Pflanzenzellen in verschiedenen Salzlösungen. Physiologische Durchlässigkeit der Zellmembran. Der Turgor. Die Bedeutung der Mineralsalze für das chemische Geschehen im Zellkörper. Die Herkunft der Salzlösungen. Meerwasser und Blut. Warum wir unsre Speisen salzen. Die Erfindung der Körperbeheizung. Kohlendioxyd und Kohlenoxyd. Brennstoffe als Reste von Lebewesen. Das Blut als Sauerstoffträger. Die Verbrennung als Energiequelle. Körperheizung durch Verwendung des Wärmeabfalls. Die Bedeutung der Blutfarbstoffe. Vorteile der Heizung. Der Temperaturkoeffizient der Lebensvorgänge. Erweiterung der Lebenszeit und des Lebensraums. Wichtigkeit der gleichbleibenden Körpertemperatur. Reguliervorrichtungen. Die günstigste Körperwärme.

9. Die Reizleitung und das Nervensystem 119

Die Reizleitung bei den Pflanzen. Die Mimose. Das Nervennetz der niederen Tiere. Nervenleitung bei der Qualle. Entstehung der Nervenzentren und der peripheren Nerven. Sinnes- und Bewegungsnerven. Der Reflex. Leitungsgeschwindigkeit. Kraftersparnis bei direkter Verbindung. Die Fernsprechzentrale. Nervensysteme der höheren Tiere. Bauchmark und Rückenmark. Das Gehirn.

10. Die chemische Zentralisation 128

Der Einfluß des Lichts auf das Wachstum der Pflanzen. Reizstoffe. Chemische Fernwirkung durch das Blut. Die Daumenschwielen des Froschmännchens. Hormone. Gebärmutter und gelber Körper. Die Schilddrüse und die Verwandlung der Kaulquappen. Schilddrüse als Kropfmittel. Axolotl und Grottenolm. Die Abhängigkeit des Winterschlafs von der Schilddrüse. Die Drüsen mit innerer Sekretion. Synthetisches Adrenalin. Die Zuckerkrankheit und das Insulin. Die chemische Steuerung als ursprünglichstes Verfahren.

11. Die Herausbildung des Individuums zweiter Ordnung 138

Der zweigeteilte Regenwurm. Woher der Süßwasserpolyp seinen Namen Hydra hat. Die Strudelwürmer. Ein Individuum, das teilbar ist. Stecklinge. Die Pflanzen als Individuen niederster Ordnung. Kometenseesterne. Abnehmende Regenerationsfähigkeit bei Gliederfüßern und Wirbeltieren. Die Reflexrepublik der Stachelhäuter. Zentralisierung des Nervensystems und Individualität. Das Gehirn als Regulator. Koordination. Antrieb und Hemmung. Die Wirbeltiere als einheitlichste Individuen zweiter Ordnung.

12. Schluß 148

Die Kette der großen Erfindungen im Tierreich. Das Meer als Altertumsmuseum. Insekten und Wirbeltiere, die höchsten Landformen. Das Gehirn schafft die Vorzugsstellung des Menschen. Beherrschende Tiergruppen der einzelnen Abschnitte der Erdgeschichte. Das Zeitalter des Menschen. Der Herr der Schöpfung. Die Vernichtung der Großsäugetiere. Der Kampf gegen die Insekten. Nutzformen und Schädlinge. Höchste und niederste Form im Entscheidungskampf: Mensch und Einzeller. Nützliche Bakterien. Der Kreislauf der Lebensstoffe. Die Technik des Menschen als Parallele zu den Erfindungen der Lebewesen. Erschließung der Kräfte der unbelebten Natur. Zentralisation in der menschlichen Kultur. Verkehrsadern. Austausch von Baustoffen und Energie. Rationalisierung und Typisierung. Austausch der Reize. Die fehlende Zentrale. Der Mensch als bewußtes Individuum. Die Persönlichkeit.

Sachverzeichnis 158

Verzeichnis der aus anderen Werken entnommenen Abbildungen.

Abb. 46b aus Bengt Berg: Die letzten Adler. Berlin: Dietrich Reimer (Ernst Vohsen) A. G. 1929.

Abb. 19a, 31, 38, 43b, 45a—e, 46a, 46c, 71, 72 aus Brehm: Tierleben. Leipzig: Bibliographisches Institut.

Abb. 20 (aus règne animal), 28 (nach Toldt), 29 (nach Hensen), 43a (nach Quatrefages), 50b (nach Leuckart), 52 (nach Gegenbaur), 60, 61a (nach Gaffron), 61b (nach Brandt) aus Claus-Grobben: Lehrbuch der Zoologie. Marburg: N. G. Elwert'sche Verlagsbuchhandlung.

Abb. 2 (nach Rhumbler), 3 (nach F. E. Schulze) aus Doflein: Lehrbuch der Protozoenkunde. Jena: Gustav Fischer.

Abb. 30 aus v. Frisch: Aus dem Leben der Bienen. Berlin: Julius Springer 1927.

Abb. 17 (nach Hesse-Doflein), 21 (nach Boas), 24 (nach Gegenbaur), 26 (nach Lang), 33 (nach Boas), 34, 37 (nach Doflein), 47 (nach Kraepelin), 48 (nach Hesse-Doflein), 50a (nach Günther), 58, 70 (nach Günther) aus Goldschmidt: Einleitung in die Wissenschaft vom Leben. Berlin: Julius Springer 1927.

Abb. 65 aus Gudernatsch, Arch. f. Entwickl. Mech. **35**.

Abb. 19b (nach Huxley), 49a, 69 (nach Milne-Edwards) aus Hertwig: Lehrbuch der Zoologie. Jena: Gustav Fischer.

Abb. 64 aus Kändler, Jenaische Zeitschr. f. Nat. **60**.

Abb. 67 aus Korschelt: Regeneration u. Transplantation. Jena: Gustav Fischer.

Abb. 5a, 57, 66 aus Kraepelin-Schaeffer, Leitfaden der Biologie. Leipzig: B. G. Teubner.

Abb. 49b aus Kükenthal: Handbuch der Zoologie. Berlin: W. de Gruyter & Co.

Abb. 39 aus Meisenheimer; Geschlecht und Geschlechter im Tierreiche Jena: Gustav Fischer.

Abb. 56 aus Pfeffer, Pflanzenphysiologie. Leipzig: W. Engelmann.

Abb. 36 aus Reitter: Fauna germanica, Käfer. Stuttgart: K. G. Lutz.

Abb. 6, 40, 68 aus Rösel von Rosenhof: Monatliche Insektenbelustigung. Nürnberg 1746.

Abb. 11 aus Schmidt, Zeitschr. wiss. Zoologie **113**.

Abb. 8, 35 aus Schulze; Biologie d. Tiere Deutschlands. Berlin: Gebr. Bornträger.

Abb. 5b, 32, 41, 42, 44 aus Steche: Grundriß d. Zoologie. Leipzig: Veit & Co.

Abb. 22 aus Straus-Dürkheim: Considérations générales sur l'anatomie comparée. Paris: 1828.

Abb. 12, 14, 15, 16 aus Weber: Die Säugetiere. Jena: Gustav Fischer.

Abb. 1, 4, 7, 9, 10, 13, 18, 23, 25, 27, 51, 53, 54, 55, 59, 62, 63 sind Originale.

Einleitung

Wenn ich dich, freundlicher Leser, jetzt bitte, mich für einige Stunden durch die wundersamen Entwicklungswege des Lebens zu begleiten, so wird dir bei allem, was du vielleicht in der Erwartung des Kommenden bedenkst, eines wohl sicherlich nicht wunderbar und nachdenkenswert erscheinen, daß ich mich nämlich an *dich* wende. Wenn du nach des Tages Arbeit dich behaglich in deinen Lehnstuhl setzt und sagst: Jetzt will ich mal dies Büchlein lesen, so wird dir schwerlich in den Sinn kommen, daß es eigentlich sehr merkwürdig ist, daß du das sagen kannst. Daß „du" eben „du" bist, ein voll gerundetes Wesen, eine Persönlichkeit, ein „Individuum", ein Geschöpf, durchströmt von einem einheitlichen Fühlen und Denken, belebt von einem einheitlichen Willen, berechtigt zu sagen: Das bin „ich" und: das tue „ich", erscheint dir selbstverständlich. In Wirklichkeit ist das aber keineswegs so, sondern in diesem „Ich" stecken sehr merkwürdige und bedenkenswerte Dinge und Fragen. Ich will dich nicht auf die verschlungenen Pfade der Philosophen locken, die seit grauer Vorzeit in scharf gliederndem Denken oder in dunklen Rätselworten das Geheimnis des „Ich" zu ergründen oder zu umschreiben suchen, sondern wir wollen die Sachlage rein vom Standpunkte des Naturforschers angreifen.

Du hast wahrscheinlich schon einmal gehört oder gelesen, daß unser Körper aus „Zellen" zusammengesetzt ist und vielleicht wurde dabei auch der Vergleich gebraucht, daß diese Zellen unseren Körper aufbauen, so, wie man aus Tausenden und aber Tausenden von Bausteinen ein Haus zusammenfügt. Das ist richtig; das Merkwürdige aber ist, daß alle diese Bausteine lebende Einzelwesen sind, die empfinden und sich bewegen, die Stoffe aufnehmen, verarbeiten und ausscheiden, die wachsen und sich vermehren, die jung sind, altern und sterben, wie du. Du bist also eigentlich gar keine „Ein"heit, kein „Individuum", das heißt nämlich ein Ding, das man nicht teilen kann, sondern du bist eine Zusammenfügung zahlloser Einzelteile, ein „Zellenstaat" mit Milliarden und Billionen einzelner Bürger, die alle ihr gesondertes Leben führen. Und doch bist du ein „Individuum", denn alle diese Einzelwesen sind in dir zusammengeschlossen zu einer höheren Einheit, sie sind unlöslich verbunden und gehorchen einheitlichen Gesetzen, sie können nur leben und gedeihen in diesem Verbande. Wie ist das möglich und — wie ist es so geworden?

Du weißt, daß das Leben sich „entwickelt" hat. Unsere alte Mutter Erde, einst ein strahlender Nebelball, dann eine Kugel glühender Flüssigkeit, bedeckte sich mit einer festen Rinde. Luft und Wasser schieden sich darauf, Winde und Meereswogen, Sonne und Regen, Hitze und Kälte arbeiteten am Gestein, Vulkane drängten glühende Massen aus dem Innern empor. In ungezählten Millionen von Jahren wandelten sie das Antlitz der Erde und wandeln es noch heute. Zu einer Zeit, als die Umstände es gestatteten, traten die lebenden Geschöpfe in dieses Spiel ein — wieso und woher, wollen wir hier nicht fragen — und wandelten sich mit. In bunter Fülle finden wir die Abdrücke ihrer Körper in den Gesteinen, wir sehen Geschlecht nach Geschlecht auftauchen, blühen und sich wandeln, sehen, wie die Woge des Lebens höher und höher schwillt, immer reichere und leistungsfähigere, immer verwickelter gebaute Gestalten auftreten. Und betrachten wir die Welt der Geschöpfe, die uns umgibt, so finden wir in ihr zwar nicht alle, aber doch viele dieser uralten Vorfahren in ihren Grundzügen wieder, wir können an der Mannigfaltigkeit ihres Baues und ihrer Lebenserscheinungen die Schritte nachmessen, die das Leben auf der Erde gemacht hat. Wenn wir sie befragen, können sie uns das Rätsel des „Ich" lösen helfen? — Wir werden sehen.

Doch auf dieser Wanderung werden wir häufig unsere Blicke seitwärts lenken auf einen Gegenstand, der uns vielleicht vertrauter ist, auf die Entwicklung der menschlichen Gesellschaft. Vom Urmenschen der Steinzeit, der mit seiner Familie Wälder und Steppen durchzog, für sein Wohlergehen und die Erhaltung seines Lebens ganz auf sich allein gestellt, bis zum Bürger des modernen Staates, eingespannt in ein weltweites, verwickeltes Wirtschaftsgetriebe, gefördert und gehemmt durch tausendfältige Bindungen, Gesetze und Organisationen seiner Mitmenschen, Teil eines großen Ganzen, völlig unfähig, für sich allein zu existieren, ist ein weiter Weg, ein Weg auf dem wir alle noch gehen. Führt er auch hin zur Bildung eines Individuums, einer höheren Einheit, die uns alle umschließt, wie die Wände unseres Leibes die Einzelzellen? Und sind die Mittel und Wege, auf denen diese Einheit angestrebt wird, in beiden Fällen ähnlich oder gleich? Kann uns die Natur, die unser aller Lehrmeisterin sein soll, auch hier etwas lehren zum Verständnis dessen, was uns alle aufs nächste angeht?

Nun, lieber Leser, du kennst das Ziel — wenn du Lust hast, folge mir!

1. Die frei lebende Einzelzelle.

Wir gehen an einem schönen Sonntag ins Freie an einen Teich und nehmen uns etwas von dem Schlamm an seinem Rande mit. Dann lesen wir noch etwas trockenes Schilf vom Ufer auf und holen uns ein Büschel Gras von der Wiese oder etwas trockenes Laub vom Waldrande. Das tun wir zu Haus in eine flache Glasschale und gießen Wasser darauf, bis es etwa 5 cm hoch bedeckt ist und lassen es stehen, wo Wärme und Licht hinzukommen können. Nach 8 Tagen etwa nehmen wir etwas von dem Wasser und den Pflanzenresten heraus und bringen es unter das Mikroskop, das Vergrößerungswerkzeug des Naturforschers. Wer diesen einfachen Versuch zum ersten Male macht, wird erstaunt sein, welche Fülle verschiedener Lebensformen ihm dabei entgegentreten. Das schießt und wirbelt und kriecht durcheinander in dem Tröpfchen Wasser, geht friedlich und gleichgültig aneinander vorbei, streitet sich um die besten Bissen, bekämpft sich und frißt sich gegenseitig auf, eine ganze kleine Welt. Alle ihre Bewohner sind winzig klein, so klein, daß wir die größten von ihnen mit bloßem Auge eben als winzige weißliche Pünktchen erkennen können. Unter dem Mikroskop erscheinen sie uns sehr mannigfaltig an Form und Gehabe, aber eines haben sie alle gemeinsam: ihr ganzer Körper besteht nur aus einer Zelle, einem einzigen solchen Baustein, wie sie unseren Leib zusammensetzen. Wir sind im Reich der Einzelligen, der Protisten oder Urlebewesen, wie man sie genannt hat, weil sie die einfachsten und deshalb wohl ursprünglichsten Lebensformen sind, die wir kennen. Was zeigt uns nun solch einfachstes Gebilde vom Leben und seinen Leistungen?

Nehmen wir einmal einen der kleinen Gesellschaft genauer aufs Korn, den einfachsten und unscheinbarsten, den wir finden können. Da kriecht er vor unseren Augen dahin (Abb. 1), auf dem Glasstreifen, den wir unters Mikroskop gelegt haben, und wir müssen ihn schon stark vergrößern, vielleicht 200 fach, damit wir etwas Ordentliches erkennen können, so winzig ist er. Und was sehen wir dann? Ein Tröpfchen glasig durchsichtigen Schleimes! Der Rand ist heller, das Innere trüber, wie erfüllt von allerhand Körnchen und Tröpfchen in feinstem Gemenge. Sonst keine Gliederung, keine Anhänge, keine inneren Unterschiede, nur dann und wann können wir vielleicht in der Körpermitte eine hellere rundliche oder eiförmige Stelle erkennen. So einfach erscheint

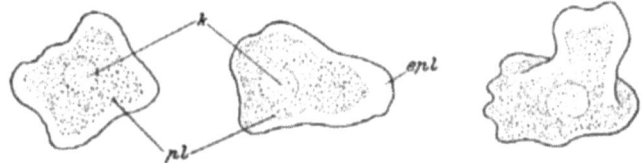

Abb. 1. Kriechendes Wechseltierchen.
k Kern; *pl* Innenplasma; *epl* Randplasma.

ein Lebewesen in seiner niedersten Gestalt bei einem Wechseltierchen, einer Amöbe. Aber dieses wenige genügt, denn der Schleimtropfen besteht eben aus dem Urlebensstoff, dem Protoplasma, das sich als Grundlage in allen lebenden Zellen findet, mögen sie so verwickelt gebaut sein, wie möglich. Und dieses einfache Protoplasmaklümpchen zeigt schon alle Erscheinungen, die zum Leben notwendig sind. Wir haben einige Zeit nicht durch unser Vergrößerungsglas gesehen, jetzt suchen wir unsere Amöbe wieder, aber sie ist nicht mehr am alten Platz. Sie kriecht umher, und dabei ändert sie dauernd ihre Gestalt. An einer Stelle quillt ein Teil der Körperwand vor, wie ein breiter Wulst, länger und länger streckt er sich aus, immer mehr Körpermasse sehen wir in ihn hineinströmen. Dafür schrumpft der Leib an der anderen Seite zusammen, die Oberfläche runzelt sich und rückt allmählich nach. Der Fortsatz biegt sich, er spaltet sich in zwei, drei kleinere Lappen. Plötzlich hört die Bewegung in dieser Richtung auf. An einer anderen Stelle bildet sich ein neuer Vorsprung; nun strömt das Plasma nach seiner Seite, die alten Fortsätze schwinden wieder, und langsam schiebt sich der Körper in der neuen Richtung. Da gibt es keine feste Form, keine dauernde Gestalt, anders erscheint ein solches „Wechsel"tierchen bei jeder neuen Beobachtung. Und nichts von Muskeln und Knochen, die den Körper tragen und ziehen, rein durch Verschiebung seines zähflüssigen Plasmaleibes ändert es Ort und Gestalt. Jetzt stößt es auf seiner Wanderung an einen anderen Körper an, etwa eine kleine grüne

Abb. 2. Amöbe einen Algenfaden aufnehmend, verdauend und ausstoßend.

Algenzelle. Der schleimige Körper der Amöbe klebt an dem Fremdling fest, wir sehen, wie der Zellinhalt lebhaft nach dieser Richtung strömt; mehr und mehr schmiegt sich unser Tierchen der Alge an, umgreift sie von allen Seiten, und nach kurzer Frist ist die Alge rings umflossen, und das Protoplasma schließt sich über ihr; sie ist in den Körper des Wechseltierchens aufgenommen. Langsam wird sie im Körper herumgeschoben; allmählich bildet sich um sie ein heller Hof, klare Flüssigkeit umgibt sie rings. Und nun sehen wir, wie die Alge sich verändert, der schöne grüne Farbstoff, den ihr Zelleib enthält, verfärbt sich schmutzig gelblich und verschwindet endlich ganz. Das Protoplasma ihres Leibes zerfällt in Körnchen und Brocken, langsam lösen sie sich auf, die Alge ist völlig verschwunden, aufgefressen, verdaut. War es ein Stück eines Algenfadens, so wird er umflossen, zu einer Spirale aufgerollt (Abb. 2), und wenn aller Nährstoff herausgezogen ist, so gerät die leere Hülle bei den Bewegungen der Amöbe an den Rand der Zelle, dieser öffnet sich, zieht sich rings zurück, und der unverdauliche Panzer ist ausgeschieden. Mit einem ganz feinen Haar berühren wir den Kriechfortsatz unseres Tierchens und sehen, wie er sofort anfängt, sich zurückzuziehen. Wir wiederholen und verstärken den Reiz: entweder beginnt das Plasma nach der anderen Seite zu strömen und von der bedrohten Stelle wegzukriechen, oder alle Fortsätze werden eingezogen, und der Leib zieht sich zu einer Kugel zusammen. Erwärmen wir den Glasstreifen vorsichtig an einer Seite, so daß der Wassertropfen an einer

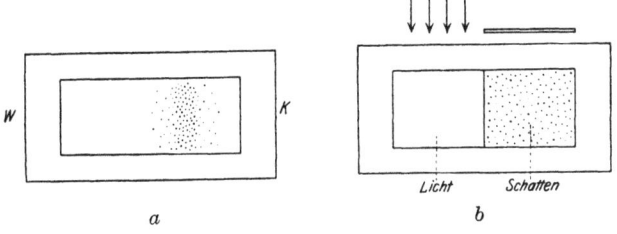

Abb. 3. Verhalten von Einzellern bei Unterschieden von Temperatur (a) und Beleuchtung (b). *W* Warm; *K* Kalt. Weitere Erklärung im Text.

Ecke wärmer wird (Abb. 3a), so sehen wir die Tierchen darin sich in Bewegung setzen und sich im Bereich einer bestimmten Temperatur ansammeln. Ebenso geht es, wenn wir eine Seite des Präparates belichten, die andere verdunkeln (Abb. 3b); je nach der Art, die wir vor uns haben, strebt sie bald dem Dunkel, bald dem Hellen zu. Mit einer feinen Glasröhre setzen wir eine Spur Säure in den Tropfen neben die Amöbe: nach kurzer Zeit sehen wir sie davon wegkriechen; durch andere chemische Stoffe können wir sie wieder anlocken. Die verschiedensten „Reize", Berührung, Temperatur, Licht, chemische Unterschiede wirken also auf unser Plasmaklümpchen ein, obwohl wir von „Sinnesorganen" keine Spur bemerken können. Die ganze Körpermasse ist eben empfindlich, ja sie vermag auch die Wirkung eines solchen Reizes fortzuleiten, denn wie sollen wir es uns sonst erklären, wenn auf Berührung an einer Stelle an der entgegengesetzten ein Fortströmen beginnt? Daß unsere Amöbe den Reiz „empfindet", so wie wir dies in unserem Bewußtsein tun, dürfen wir deshalb nicht behaupten, jedenfalls aber können wir sagen, daß er auf sie wirkt, und diese Wirkung äußert sich meist in einer Bewegung.

Begleiten wir das Wechseltierchen lange genug auf seinen Wanderungen durch seine kleine Welt im Wassertropfen, hat es dabei Gelegenheit, genügend nahrhafte Dinge zu finden und sich einzuverleiben, so haben wir vielleicht noch Gelegenheit, einen besonders merkwürdigen Vorgang zu beob-

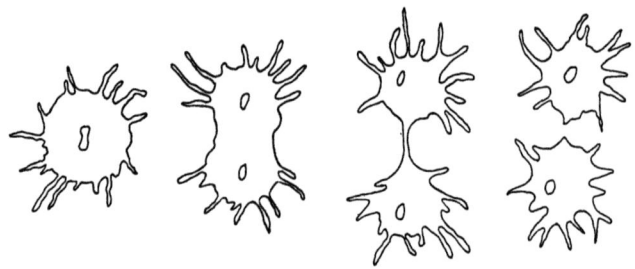

Abb. 4. Teilung eines Wechseltierchens.

achten (Abb. 4). Wir sehen, wie es sich annähernd zu einer Kugel zusammenzieht und längere Zeit ruhig daliegt. Dann streckt sich der Körper in einer Richtung in die Länge, mehr und mehr, der Mittelteil buchtet sich ringsum ein, wird dünner und dünner, schließlich reißt er ganz durch. Aus der einen Amöbe sind zwei geworden, sie hat sich fortgepflanzt, „geteilt". Beide Hälften gehen nun ihre eigenen Wege, völlig unbekümmert umeinander, jede stellt wieder ein ganz selbständiges Wesen dar.

Neben den Amöben können wir in unserem Wassertropfen noch die mannigfaltigsten anderen Einzeller finden, grundverschieden untereinander an Gestalt und Benehmen, aber alle werden sie in irgendeiner Form uns das zeigen, was wir hier am Wechseltierchen beobachtet haben, denn es waren die

Grundleistungen jedes lebenden Wesens. Nahrung muß von außen aufgenommen, verdaut und die unbrauchbaren Stoffe wieder ausgeschieden werden, denn bei jeder Lebenstätigkeit wird Lebensstoff verbraucht und muß wieder ersetzt werden. Die Einwirkung der Umgebung, die Reize, müssen wahrgenommen und allen Teilen des Körpers nach Bedarf mitgeteilt werden. Bewegung muß möglich sein, sei es nur des Protoplasmas innerhalb des Zelleibes, sei es der ganzen Zelle in ihrem Lebensraum. Und Wachstum und Vermehrung muß es geben, um den Lebensstrom von Generation zu Generation weiterzuleiten. Dies alles leistet schon das einfache Plasmaklümpchen, ohne innere und äußere Gliederung, ohne Werkzeuge oder Organe, ganz auf sich selbst gestellt, das einfachste „Individuum". Was es leistet, ist natürlich noch sehr geringfügig, winzig ist seine Kraft, langsam und plump seine Bewegung, schwerfällig seine Antwort auf Reize; fast wehrlos preisgegeben ist es noch jedem Einfluß seiner Umgebung. Aber doch genügt es, um sein Leben zu fristen und seinen Nachkommen weiterzugeben.

Durch die Urwälder Sumatras ziehen noch heute urtümliche Menschen, deren Leben uns Volz jüngst lebendig geschildert hat. Einsam schweift der Kubu-Mann mit Weib und Kindern durch das ewige Dämmern des Urwaldes. Er besitzt keine bleibende Statt, keine Hütte; wo er am Abend sich gerade befindet, fügt er sich kunstlos aus ein paar Zweigen ein dürftiges Lager. Nahrungsammelnd streift er umher, Früchte, Wurzeln, Insektenlarven, Fische, kleine Säugetiere fängt er fast ohne Werkzeuge mit den bloßen Händen. Seine Sinne nehmen die bunten Eindrücke der Umwelt wahr, und diese geben seinen Schritten Richtung zur Verfolgung oder zur Flucht, aber er hat noch nicht gelernt, sie tiefer zu deuten oder gar zu beherrschen. Ohne Überlegung lebt er in den Tag hinein, zufrieden, wenn er ihm genug bringt, um sein Leben zu fristen. Er ist ein Spielball der Elemente, ein Nichts vor der übermächtigen Natur, in deren brausender Fülle sein armes Leben fast unbemerkt entsteht und vergeht. Keine Gemeinschaft verbindet ihn mit seinen Mitmenschen, scheu und mißtrauisch hält sich jeder für sich, wenige Worte werden bei einem zufälligen Treffen gewechselt, dann geht jeder seines ziellosen Weges.

So wenig wir sagen können, ob die heutige Amöbe ein treues Abbild des einfachsten Lebewesens ist, das sich zuerst auf der Erde regte, so wenig können wir bestimmt behaupten, daß die Lebensweise dieser tiefstehenden heutigen Wilden der der ursprünglichsten Menschen völlig entspricht. Aber als Zeichen, aus wie einfachen Lebensverhältnissen sich unser stolzes Geschlecht entwickelt haben muß, stehen sie noch in unserer Umwelt.

2. Zellverbände.

Wie sind nun aus den Einsiedlern Arbeits- und Leidensgenossen geworden, wie ist aus der einzelnen Zelle der Zellverband entstanden? Auch von diesem großen Entwicklungsschritt zeigt uns die heutige Lebewelt noch Spuren.

Gehen wir im Sommer an unsere Teiche und Tümpel, so kann es uns glücken, in einem davon Mengen einfachster Zellverbände zu finden, die Kugeltierchen. Es sind noch immer recht kleine Geschöpfe, aber doch schon mit bloßem Auge deutlich erkennbar, kuglige Gebilde von etwa 1 mm Durchmesser, die man in einem herausgeschöpften Glase Wasser langsam schwebend umherrollen sieht. Das Mikroskop zeigt uns ein einfaches Bild (Abb. 5): Wir sehen eine Kugel, die aus einer durchsichtigen, gallertartigen Masse besteht und innen hohl bzw. mit Flüssigkeit erfüllt ist. In der Gallertwand stecken viele Zellen von einfachem Bau, der ganz dem gleicht, den wir auch bei frei lebenden einzelligen Formen finden, den sog. Geißeltierchen. Ein eiförmiger Körper, am einen Ende ein Paar lange fadenförmige Plasmafortsätze, die Geißeln, die in Schraubenbewegung lebhaft durchs Wasser schwingen und den Zelleib hinter sich herziehen, wie die Propeller den Rumpf des Flugzeugs. Hier stecken nun viele Zellen nebeneinander in der Gallerte, alle die Geißeln nach außen gekehrt; durch ihren gemeinsamen Schlag rollt die ganze Kugel in Spiraldrehungen durch das Wasser. Alle

Zellen sind einander völlig gleich, und alle sind durch Protoplasmafortsätze, die ein zierliches sternförmiges Netz bilden, miteinander verbunden. Diese Fäden halten die Einzelzellen weniger mechanisch zusammen — das besorgt die Gallertmasse, in der sie alle stecken —, sie dient vielmehr der Leitung von Nahrung und von Reizen. Die aufgenommenen Nahrungsstoffe und die daraus gebildeten Körperstoffe wandern durch die Brücken von einem zum anderen, der Gewinn einer Zelle kommt also auch ihren Nachbarn zugute. Ebenso kann ein Reiz, der einen Teil der Kugel trifft, und dort eine Erregung auslöst, auf diesem Wege durch

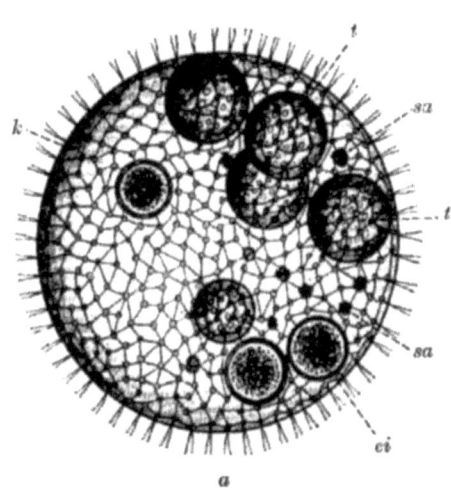

Abb. 5. Kugeltierchen. *a* in der Aufsicht; *b* im Durchschnitt. Im Innern die Keimzellen in verschiedenen Entwicklungsstufen.
ei befruchtungsbedürftige Eizellen; *k* Körperzellen; *sa* Samenzellen; *t* durch Teilung entstandene Tochterverbände.

das ganze Gebilde weitergeleitet werden. So kommt beispielsweise das regelmäßige Zusammenarbeiten der einzelnen Geißeln zustande, die die ganze Kugel auf bestimmten, wenn auch je nach den Umständen wechselnden Bahnen vorwärtstreibt.

Versuchen wir die Einzelzellen zu zählen, die in der Gallerthülle stecken, so finden wir bei der größten Art der Kugeltierchen etwa 20 000, also schon eine ganz stattliche Gemeinschaft. Untersuchen wir diese scheinbar völlig gleiche, auf Gedeih und Verderb in idealem Kommunismus verbundene Gesellschaft genauer, so fällt uns doch etwas auf. Ab und zu finden wir nämlich in der Gallerte Zellen, die nicht ihre Geißeln nach außen vorstrecken, sondern die sie eingezogen haben und etwas in die Tiefe gesunken sind. Sorgfältige Untersuchungen haben nun gezeigt, daß manche dieser Zellen schließlich ganz aus der Gallerte heraus in das Innere der Hohlkugel hineinwandern. Und dort beginnen sie sich zu teilen (Abb. 5b). Ganz, wie die freien Einzelzellen auch tun; der Körper streckt sich und schnürt sich in zwei gleiche Hälften auseinander. Aber das Wichtige: diese Hälften trennen sich nicht, sondern bleiben dicht beieinander liegen. Nach einiger Zeit teilt eine jede von ihnen sich wieder, so daß 4 Zellen entstanden sind, aus diesen werden 8, 16, 32 usf., bis ein ganzer Haufen von Zellen entstanden ist, die dicht aneinander gedrängt, sich gegenseitig abplattend, kugelig zusammen liegen. Nach einiger Zeit bemerken wir eine Veränderung: die Zellen rücken auseinander, so daß in der Mitte ein Hohlraum entsteht, um die Einzelzellen bildet sich Gallerte, Geißeln treten auf, und das junge Kugeltierchen ist fertig. In einer großen Kugel finden wir oft ein Dutzend oder mehr in allen Stufen der Entwicklung. Noch nachdem die Hohlkugel gebildet ist, geht die Zellteilung weiter, so daß die Einzelzellen zunächst ganz dicht aneinandergepreßt liegen. Allmählich werden sie größer und größer und beginnen mit ihren Geißeln sich im Hohlraum der großen Kugel umherzudrehen. Dann sieht man in dieser einen Riß sich bilden, sie klafft auseinander, und die jungen Kugeln schwärmen heraus und zerstreuen sich im Wasser. Die Zellen der alten Kugeln ziehen ihre Geißeln ein, die Gallerte zerreißt mehr und mehr, der ganze Verband löst sich auf, und die Einzelzellen gehen zugrunde, sie „sterben".

Diese einfachen Beobachtungen lehren uns zwei sehr wichtige Dinge. Wir sehen, wie die Bildung des neuen Verbandes stets von einer einzigen Zelle ausgeht, und zwar dadurch, daß diese sich fortgesetzt teilt und ihre Nachkommen zu einer Einheit verbunden bleiben. Dieser Vorgang, Bildung eines neuen Lebewesens durch Teilung einer einzigen Zelle, wird uns grundsätzlich auch bei allen höheren Formen bis hinauf zum Menschen immer wieder begegnen. Das zweite aber ist, daß nicht alle Zellen des Kugeltierchens die Fähigkeit haben, durch Teilung neue Kugeln zu bilden, sondern nur eine geringe Zahl. Was darüber bestimmt, welche Zellen zur Teilung in die Tiefe rücken sollen, wissen wir beim Kugeltierchen nicht, daß hier aber eine irgendwie entstandene Ungleichheit vorliegt, ist sicher. Die scheinbar so völlig gleichen Zellen scheiden sich tatsächlich doch in zwei Gruppen, die wir auch immer wieder finden werden, in Körper- und Keimzellen. Das Schicksal beider ist grundsätzlich verschieden. Die Körperzellen, mögen sie noch so viele und noch so verwickelt gebaut sein, haben nur eine bestimmte Lebensfrist. Dann lösen sie sich auf und zerfallen, der Körper „stirbt". Die Keimzellen dagegen „sterben" nicht, eine jede von ihnen gibt vielmehr einem neuen Lebewesen den Ursprung, in dessen Zellen sie fortlebt. Und die in diesem entstehenden Keimzellen setzen die Kette von Geschlecht zu Geschlecht fort, ohne Ende. Hierin gleichen die Keimzellen durchaus den Einzelligen, denn auch eine Amöbe „stirbt" nicht, sondern geht restlos in ihre beiden Tochterzellen über, diese wieder in ihre Teilstücke usf. Wenn wir so sagen können, die Einzelligen und die Keimzellen sind „unsterblich", so heißt das natürlich nicht, daß sie nicht sterben *können*. Feinde, äußere Gewalt, Nahrungsmangel können sie natürlich vernichten, und sie erliegen ihnen jederzeit in Mengen; aber sie *müssen* nicht sterben, sie kennen keinen „natürlichen" Tod. Hier ist die erste große Trennung, die den Fortschritt der höheren Lebewesen anbahnt, zum ersten Male sehen wir den mächtigen Hebel angesetzt, der Stufe um Stufe die Welt der Geschöpfe emporhebt, die *Arbeitsteilung*. Ein Teil der Zellen wird entlastet von der Sorge um die Fortpflanzung und kann sich dafür den anderen Aufgaben des Lebens, Ernährung, Bewegung, Reizwahrnehmung widmen; der andere läßt sich vom Körper schützen, tragen und ernähren und besorgt dafür die Weitergabe der Lebensform an das kommende Geschlecht. So kam der Tod in die Welt, dem wir alle unterworfen sind, und in einem Sinne, den er selbst so wohl nicht geahnt, sehen wir Goethes schöne Worte in seinem „Fragment über die Natur" erfüllt: „Leben ist ihre schönste Erfindung, und der Tod ist ihr Kunstgriff, viel Leben zu haben."

3. Sonderung der Zellformen.

Unser Süßwassertümpel, dem wir unsere bisherigen Kenntnisse verdanken, kann uns noch ein gutes Stück weiterhelfen. Es ist nicht wunderbar, daß wir im Wasser gar manche urtümliche Tier- und Pflanzengruppen finden, die auf dem Lande fehlen. Denn sicherlich bot das Wasser für die Entwicklung des Lebens weit bessere Möglichkeiten, als die Oberfläche des festen Landes. Das Protoplasma ist ja selbst eine zähflüssige, größtenteils aus Wasser bestehende Masse, im Wasser kann es sich also viel leichter erhalten, als auf dem Lande, wo es erst allerhand Schutzeinrichtungen ausbilden mußte gegen die austrocknenden Einwirkungen der Luft. Ferner wirkt das Wasser, dessen Eigengewicht dem des Protoplasmas sehr nahesteht, tragend; es ist also sehr viel einfacher, im Wasser zu kriechen, zu schwimmen oder zu schweben, als sich auf dem Erdboden oder gar frei in der Luft zu bewegen. Die Lebensverhältnisse im Wasser sind weit ausgeglichener, besonders in den weiträumigen Wasserbecken der Meere und großen Seen. Temperatur, Licht, chemische Verhältnisse ändern sich nur allmählich und in sanften Übergängen, zeitlich wie räumlich, im Gegensatz zu den heftigen und plötzlichen Schwankungen, denen die luftlebenden Wesen ausgesetzt sind. Erst ganz allmählich hat sich daher im Laufe der Erdgeschichte das Leben das feste Land und die Luftwelt erobert, und auch in den heutigen Landtieren spürt man noch deutlich die Herkunft vom Wasser, wie wir bald genauer sehen werden. „Alles ist aus dem Wasser entsprungen; alles wird durch das Wasser erhalten", auch dieses zunächst anders gemeinte Wort des großen Naturbetrachters und Naturdeuters Goethe aus dem Faust können wir uns zu eigen machen.

Auch eine weitere Tatsache wird uns nach diesen Überlegungen nicht wundernehmen; daß wir nämlich diese ursprünglichen Lebensformen oft in weltweiter Verbreitung finden. Ob wir hier in Deutschland suchen, ob in Amerika, im

Urwald Afrikas oder den Steppen Asiens, von der Hitze der Tropen bis zur Kälte der Polarländer, überall, wo überhaupt Leben im Wasser gedeiht, können wir diese Formen in fast völlig gleicher Gestalt finden. Sie sind in ihrer Geschichte, die Hunderte von Millionen Jahren umfaßt, echte Weltbürger, Kosmopoliten geworden.

Der, den wir uns jetzt näher betrachten wollen, der Süßwasserpolyp, wissenschaftlich Hydra genannt, ist nun immer-

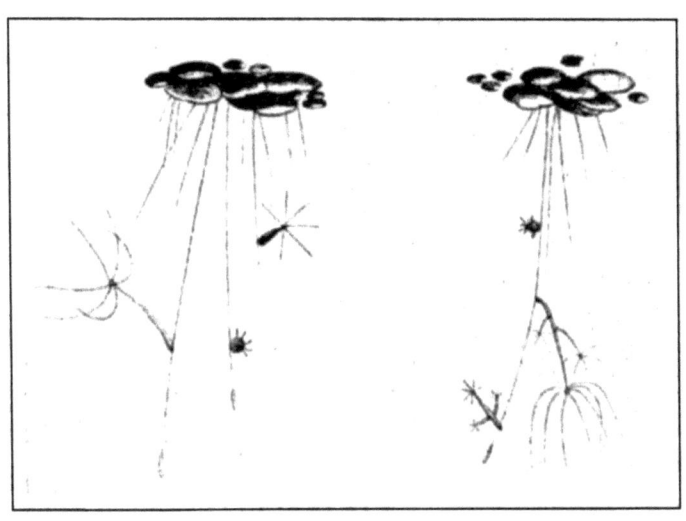

Abb. 6. Süßwasserpolypen. Erklärung im Text.

hin schon ein ganzes Stück über seinen Vorgänger hinausgewachsen. Haben wir im Sommer mit den Wasserpflanzen eines Tümpels auch Hydren eingetragen, so werden wir sie bald bemerken, wenn das Wasser erst einige Stunden ruhig im Glase gestanden hat. Dann sehen wir an der Glaswand oder an den Pflanzen kleine bräunlichgraue oder grüne, fadenartige Gebilde von $1-1^{1}/_{2}$ cm Länge sitzen. Unsere Abbildung 6 gibt einige Bilder wieder, die der alte Meister Rösel von Rosenhof vor nun bald 200 Jahren gezeichnet hat, als man die Polypen eben entdeckt hatte. Das eine Ende sitzt an den Wurzeln einer Wasserlinse fest, das andere ragt frei ins Wasser und ist umgeben von einem Kranz feiner Fäden, die es strahlenartig steif umgeben oder gerollt oder fransenartig herunterhängen, in wechselnder Zahl, 4—12, und Länge. Das Ganze sieht eigentlich eher nach der Blüte einer seltsamen Wasserpflanze aus, als nach einem richtigen Tier — lange Zeit hat deswegen auch die Wissenschaft die Tiergruppe, zu der der Süßwasserpolyp gehört und zu der im Meere die Korallen, die Seerosen und die Quallen zählen, „Pflanzentiere" genannt, weil man nicht recht wußte, wie man mit ihnen daran war. Bei unserem Süßwasserpolyp ist es allerdings bei etwas längerer Beobachtung nicht schwer, dahinterzukommen, daß er ein Tier ist, und zwar ein ganz gefährliches Raubtier. Haben wir in unserem Glas Wasserflöhe, Ruderkrebschen und anderes schwimmendes Kleintierzeug, wie man es zur Fütterung der Aquariumsfische verwendet, so können wir sicher bald die folgende Beobachtung machen. Wir sehen ein solches Krebschen am freien Ende der Hydra vorbeischwimmen und dabei einen der Fäden berühren. Sofort beginnt es lebhaft zu strampeln, um loszukommen, aber der Faden haftet fest, wie angeklebt; bald kommen durch die Zappelei des Krebses noch andere Fäden mit ihm in Berührung und umschlingen ihn von allen Seiten. Das unglückliche Opfer zuckt und zappelt aus Leibeskräften, aber bald lassen die Bewegungen nach, und nach 1—2 Minuten liegt es reglos und schlaff in seinen Fesseln. Nun krümmen sich die Fäden zusammen und schieben das Opfer nach dem Vorderende der Hydra hin; eine Öffnung tut sich dort auf, und in ihr verschwindet die Beute. Der strichförmige Körper wird dabei manchmal zu einem unförmlichen Schlauch oder Faß ausgedehnt und hängt mit eingezogenen Fangfäden schlaff herunter. Nach einer Anzahl Stunden aber ist er wieder schlank und straff, und wenn wir scharf aufgepaßt haben, konnten wir bemerken, daß zur vorderen Körperöffnung die Schale unseres Krebschens wieder ausgeworfen wurde, aber nur die blanke Schale, der lebendige Inhalt ist restlos verschwunden, aufgefressen, verdaut. Unser Süßwasserpolyp ist also ein Fleischfresser und für seine Größe ein gewaltiger

Räuber, der selbst Tiere, die größer und stärker sind, als er selbst, überwältigt und in unseren Aquarien oft großen Schaden anrichtet. Die Fischzüchter lieben ihn daher gar nicht und suchen ihn so bald als möglich loszuwerden, wenn er mit dem Futter zufällig in ihre Zuchtgläser eingeschleppt ist.

Bringen wir unseren Fund zur genaueren Besichtigung unter das Mikroskop, so erscheint sein Körperbau zunächst sehr einfach. Das ganze Tier ist ein Schlauch, dessen Wand aus zwei Schichten von Zellen besteht. Am Vorderende ist die Mundöffnung, umstellt von dem Kranz der Fangarme, die

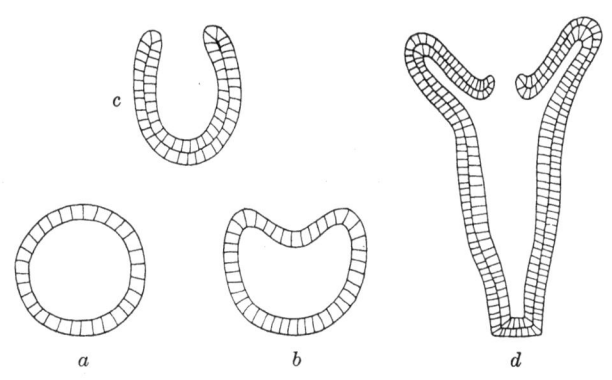

Abb. 7. Entstehung der zweischichtigen Körperform.
a einschichtige Hohlkugel, Blastula; *b* beginnende Einstülpung; *c* fertiger doppelwandiger Keim, Gastrula; *d* Süßwasserpolyp, schematisch.

selbst hohle, handschuhfingerartige Ausstülpungen der Körperwand darstellen. Die beiden Zellschichten liegen dicht aufeinander, getrennt nur durch eine dünne, zäh elastische Zwischenlage, die sog. Stützlamelle. Aus der einen Schicht des Kugeltierchens sind also hier zwei geworden. Wie das geschieht und wahrscheinlich auch im Laufe der Entwicklung der Lebewelt geschehen ist, können wir bei der Jugendform vieler Tiere aus den verschiedensten Gruppen, auch bei Verwandten unseres Süßwasserpolypen beobachten (Abb. 7). Die Keimzellen entwickeln sich überall durch schnell sich folgende Teilungen, ganz wie wir es beim Kugeltierchen gesehen haben, so daß nach kurzer Zeit ein dicht gedrängter Zellhaufen entsteht. In ihm bildet sich eine Höhlung, und die Zellmasse formt sich nun zu einer Hohlkugel, die durchaus dem Kugeltierchen gleicht, Geißeln ausstreckt und durch ihren Schlag im Wasser umhergetrieben wird. Nach einiger Zeit sehen wir eine Stelle der Kugel sich abplatten, bald stülpt sie sich sogar nach innen, wie ein Gummiball, dessen Wand man eindrückt. Diese Einstülpung wird tiefer und tiefer, nach einiger Zeit ist der ursprüngliche Hohlraum der Kugel völlig zusammengedrückt, und die umgestülpte Zellenlage hat sich an die Außenschicht angelegt. An Stelle der Kugel haben wir jetzt also einen Becher vor uns mit einer Öffnung und einem neuen Hohlraum mit doppelter Wandung. Wir brauchen uns nur den Körper etwas gestreckt zu denken und um die Öffnung die Fangfäden auswachsen zu lassen, so ist das Modell unserer Hydra fertig.

Diese anscheinend so einfache Umgestaltung hat aber ihre wesentlichen Folgen. Die beiden Körperschichten stehen jetzt zur Umgebung in ganz verschiedenen Beziehungen. Die Innenschicht übernimmt vorwiegend die Aufgabe, die zugeführte Nahrung zu verarbeiten. Sie wird zur Darmwand. Die äußere hat vor allem Schutz und Verteidigung des Tieres zu leisten, sowie die Nahrung herbeizuschaffen, außerdem fällt ihr die wichtige Aufgabe zu, Sinnesreize, besonders Tast- und Geruchs- oder Geschmacksempfindungen aufzunehmen und weiterzuleiten. Diese verschiedenen Aufgaben führen nun sogleich zu einer verschiedenen Entwicklung der einzelnen Zellformen; die Arbeitsteilung setzt auch unter den Körperzellen ein, es bilden sich Spezialisten für die einzelnen Arbeitsgebiete. Eine genauere Betrachtung unter dem Mikroskop zeigt auch sehr deutlich diese Verschiedenheit (Abb. 8). In der Innenschicht finden wir vor allem große halbkugelige oder zylindrische Zellen, die nach dem Innenraum hin Geißeln tragen, welche die flüssig gemachte Nahrung in der Darmhöhle hin und her strudeln. Daneben haben aber die Zellen noch die Fähigkeit der Wechseltierchen, Protoplasmafortsätze auszustrecken, mit ihnen Nahrungsbrocken aufzunehmen und zu verdauen. Zwischen diesen stehen weniger zahlreich andere Zellen, in denen wir zeitweilig Körnchen und

Tröpfchen sich bilden sehen. Diese wachsen heran, fließen zusammen und werden schließlich aus der Zelloberfläche in den Innenraum entleert. Die so ausgeschiedenen Stoffe haben eine verdauende Wirkung; sie bringen die gefressenen Tiere zum Zerfall in einzelne Brocken, die dann von den Darmzellen aufgenommen und zu Ende verdaut werden. Es sind die ersten Drüsenzellen, und zwar Verdauungsdrüsen — die

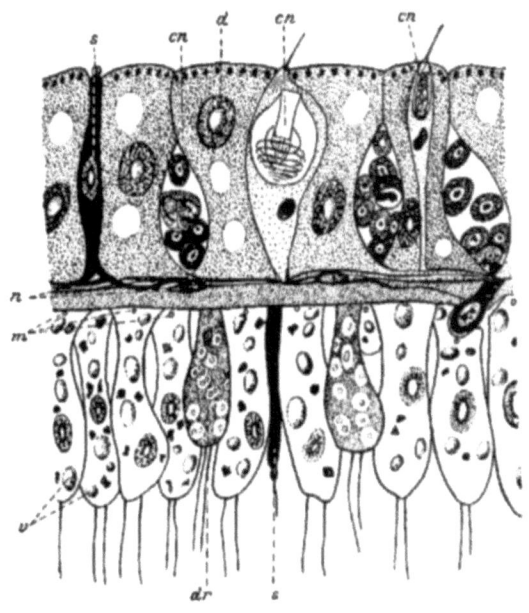

Abb. 8. Körperwand eines Süßwasserpolypen, stark vergrößert.
cn Nesselzellen in verschiedenen Entwicklungsstufen; *d* Deckzellen; *dr* Drüsenzellen; *m* Muskelfasern, quergeschnitten; *n* Nervenzellen und -fasern; *s* Sinneszellen; *v* aufgenommene Nahrungsbrocken.

beiden Zellarten teilen sich also in die Arbeit der Zerlegung und Verdauung der Nahrungskörper.

In der äußeren Zellschicht finden wir zunächst große, ungefähr achteckige Zellen, die aneinanderstoßend die Bedeckung des Körpers liefern. Da die Hydra festsitzt, brauchen sie nicht für Ortsbewegung zu sorgen, haben also keine Geißeln, auch eine besondere Deck- oder Schutzschicht fehlt bei dem im Wasser lebenden Tiere. Zwischen ihnen stehen reichlich andere Zellen, die einen Drüsencharakter haben. Sie erzeugen eine Flüssigkeit, die sich in einem großen Bläschen im Innern ansammelt. Diese wird dann in eine besondere Hülle eingeschlossen, und so entsteht ein sehr eigenartiges und verwickelt gebautes Gebilde, das für die Hydra und ihre Verwandten bezeichnend ist, die Nesselkapsel. Sie enthält im Innern die Flüssigkeit und, in ihr eingestülpt, einen fadenartigen hohlen Fortsatz der Kapselwand. Auf eine Berührung der Nesselzelle explodiert gewissermaßen die Kapsel, deren Flüssigkeit unter starkem Druck steht. Die Kapselwand springt deckelartig auf, der Nesselfaden wird herausgeschleudert und bohrt sich mit Widerhaken an seinem Grunde in den Körper ein, der die Zelle berührt hat. Die Innenflüssigkeit dringt in den ausgestülpten hohlen Faden ein und durch seine dünne Wand in den Körper des Beutetieres, wo sie eine lähmende Giftwirkung entfaltet. Wir sehen also hier die Erklärung für den merkwürdigen Beutefang des Süßwasserpolypen. Die Nesselkapseln, die sich besonders auf den Fangfäden in großer Menge finden, wirken wie Tausende winzig kleiner Giftbomben. Sie vergiften das getroffene Tier und halten es gleichzeitig durch ihre Fäden mit zahllosen kleinen Ankertauen fest. Die Giftwirkung ist nur für kleinere Tiere tödlich, wer aber einmal im Seebade eine große Qualle mit seiner nackten Haut berührt hat, kennt das unangenehm prickelnde, nesselnde Gefühl, das ihre Fangfäden erzeugen und das, wie der Name sagt, der Berührung mit Brennesseln sehr ähnlich ist.

Neben diesen zahllosen mikroskopischen Waffen enthält die Körperoberfläche der Hydra aber noch eine Reihe anderer Zellen von sehr auffallendem Bau. Zunächst einmal finden wir eingekeilt zwischen die großen Deckzellen, lange und schmale stabförmige Zellen. Auf ihrer Außenfläche sitzt ein feiner haarartiger Fortsatz, der über die Körperfläche hervorragt. Versuche zeigen, daß diese Fortsätze sehr empfindlich sind gegen Berührung wie gegen chemische Reize. Sie sind also Tastzellen bzw. Geruchs- oder Geschmackszellen, deren besondere Aufgabe es ist, dem Körper Nachricht von Veränderungen in der Umwelt zu übermitteln. Betrachten wir diese „Sinnes"zellen genauer, so sehen wir, daß von ihrem unteren Ende, mit dem sie der Stützlamelle aufliegen, feine Fäden ausgehen, die nach verschiedenen Richtungen unter den Deckzellen entlanglaufen. Verfolgen wir sie, was nur nach besonderer Behandlung des Präparates möglich ist, so sehen wir sie mit entsprechenden Ausläufern anderer Zellen in Verbindung treten. Dies sind entweder wieder Sinneszellen oder eine ganz andere Zellform. Ziemlich verstreut finden wir nämlich auf der Stützlamelle aufliegend, ganz von der Außenfläche abgerückt, kleine flache, unregelmäßig vieleckige Zellen, von denen gleichfalls Ausläufer ausgehen. Diese treten teils unter sich, teils mit den Ausläufern der Sinneszellen in Verbindung. So breitet sich auf der Stützlamelle ein vielmaschiges Netz von Verbindungsfasern aus, durch die ein von einer Sinneszelle aufgenommener Reiz über den ganzen Körper hin weitergeleitet werden kann. Die Zellen, die sich für diese Aufgabe spezialisiert haben, sind die ersten Nervenzellen.

Besonders merkwürdig ist die Art, wie beim Süßwasserpolypen die Bewegung zustande kommt. Zwar ändert er nur selten seinen Ort, aber der Körper als Ganzes und in seinen Teilen ist lebhaft beweglich. Wir sehen die Fangfäden sich ausstrecken und zusammenziehen, sich krümmen, durcheinanderschlingen, die Beute zum Munde führen. Auf eine Berührung oder schon auf Erschütterung des Behälters zieht sich der ganze Körper mit plötzlichem Ruck zusammen und wird zu einem dicken kugelförmigen Klümpchen; ist alles ruhig, so streckt es sich langsam wieder zu einem dünnen Faden aus. Suchen wir nach den Mitteln zu dieser Bewegung, so finden wir die Stützlamelle auf beiden Seiten belegt mit langgestreckten fadenförmigen Gebilden, die im Mikroskop durch starken Glanz auffallen und dadurch verraten, daß ihr Protoplasma eine besondere Beschaffenheit angenommen hat. Es sind Muskelfasern, Fibrillen, entstanden. Bemerkenswert ist aber, daß für diese Muskeltätigkeit sich noch keine Zellsorte rein ausgebildet hat. Wir finden nämlich, daß diese Muskelfibrillen in Ausläufern einerseits der Deckzellen, andererseits der Verdauungszellen liegen. Diese Zellformen vereinigen also noch zwei Spezialleistungen in sich. Die Anordnung der Muskelfibrillen ist sehr einfach und zweckmäßig. Sie verlaufen auf der Außen- und Innenseite der Stützlamelle jeweils in gleicher Richtung hinter- und nebeneinander (parallel). Dabei ziehen die der Außenschicht alle in der Richtung vom Vorderende zum Fuß, die der Innenschicht dagegen laufen senkrecht dazu ringartig um den Körper herum. Ziehen sich die äußeren Fasern zusammen, so verkürzt sich der Körper und wird gleichzeitig dicker, arbeiten die anderen Fasern, so schnüren sie den Körper zusammen und strecken ihn damit gleichzeitig in die Länge. Diese einfache Anordnung genügt für alle Bewegungen, denn es können sich ja nach Bedarf nur einzelne Teile dieses Muskelschlauches zusammenziehen und damit alle möglichen Biegungen, Krümmungen und Gestaltveränderungen zustande bringen.

Aus der einfachen gleichartigen Zellengemeinschaft des Kugeltierchens ist hier also schon eine bunt gemischte Gesellschaft entstanden. Die einzelnen Bürger des Zellenstaates haben begonnen, jeder bestimmte Aufgaben zu übernehmen und diese Arbeitsteilung prägt sich nun auch in ihrem Körperbau aus. An Stelle des einheitlichen, halbflüssigen Protoplasmas finden wir die verschiedensten Sonderbildungen; jede Zelle hat sich aus und in ihrem Leibe gewissermaßen die Hilfsmittel für ihre besonderen Aufgaben geschaffen und dadurch eine typische Gestalt und einen typischen Innenbau erhalten, an dem man ihre Leistungen meist ohne Schwierigkeit erkennen kann. Es ist das eingetreten, was die Wissenschaft die gewebliche (histologische) Sonderung nennt.

Eine solche Entwicklung erfordert und bewirkt notwendig eine Zunahme der Zellenzahl im vielzelligen Organismus. Es mußten hinreichend zahlreiche Zellen da sein, damit sich eine Herausarbeitung von Spezialisten überhaupt lohnte, andererseits mußten diese einen genügenden Rückhalt an Arbeitsgenossen finden, die die von ihnen zurückgestellten Leistungen übernahmen. So hat sicher im Laufe dieser Entwicklungsbahn eine allmähliche Vermehrung der Zellenzahl und damit der Gesamtgröße der vielzelligen Organismen stattgefunden. Die Formen, die wir heute noch lebend antreffen, sind alle schon ziemlich weit vorgeschritten, denn überall, selbst bei den einfachsten Hohltieren, ist die gewebliche Sonderung schon recht scharf durchgeführt. Alle Zellen haben natürlich noch die grundlegenden Lebensleistungen, insbesondere Ernährung, Wachstum und Teilungsfähigkeit, aber darüber hinaus sind sie fast alle auf einen „Beruf" festgelegt.

In der Entwicklung der menschlichen Gesellschaft können wir die fortschreitende Spezialisierung noch weit besser verfolgen. Prüfen wir daraufhin etwa das Bild, das uns die homerischen Gesänge vom Leben der alten Griechen oder die Götter- und Heldensagen von dem der alten Germanen bieten, so finden wir auch dort keine völlige Gleichheit mehr. Eine wichtige Arbeitsteilung, die wohl seit Urzeiten bestanden hat, tritt scharf hervor, die zwischen Mann und Frau. Dem Manne Schutz und Verteidigung und Verkehr mit der Außenwelt, der Frau Sorge für den Unterhalt und den Nachwuchs. Aber in beiden Gruppen bahnen sich schon weitere Unterteilungen an. Wohl sind Homers Helden noch sehr vielseitig und in allen Sätteln gerecht, aber wir finden neben dem Krieger schon den Seher und Priester zum Verkehr mit der höheren Welt, den Sänger, den Arzt, den Schmied für Waffen und Geräte, den Zimmermann, den Hirten, den Seemann und eine Reihe anderer angehender Berufe. Und ganz ähnlich ist offenbar aus den wesentlich gleichartigen Sippenverbänden der germanischen Stämme allmählich ein immer verwickelteres Staatsgefüge hervorgegangen, je mehr sie an Kopfzahl und Leistungsfähigkeit zunahmen. In den Göttergestalten spiegelt sich das Hervortreten der verschiedenen Lebensaufgaben und Berufe wieder. Die Sage von Wieland dem Schmied zeigt die hohe Wertschätzung des Waffenschmiedes und Künstlers. An den Höfen germanischer Edler etwa zu Beginn der Berührung mit der römischen Kulturwelt finden wir schon mannigfache Berufe von Männern und Frauen teils seßhaft, teils im Umherziehen ausgeübt. Die Wege dieser Berufsgliederung können uns hier naturgemäß nicht im einzelnen beschäftigen, sicher ist, daß wir den Übergang von Gleichartigkeit zu Vielgestaltigkeit in den verschiedensten Volksgemeinschaften nach ähnlichen Regeln sich langsam und schrittweise vollziehen sehen.

4. Die Herausbildung der Organe.

Bei unseren Hohltieren finden wir trotz bereits recht scharfer Sonderung der Einzeltypen die verschiedenen Zellarten noch verstreut durcheinander. Es war eine notwendige und folgerechte Entwicklung, daß mit zunehmender Größe und Leistung eine räumliche Sonderung der einzelnen Arbeitsgruppen unter den Zellen eintrat. An den für ihre Arbeit günstigsten Plätzen finden sich die spezialisierten Zellen in größerer Menge zusammen, sie ziehen ihrerseits wieder andere Zellen als Stütz- und Hilfsapparate in ihren Dienst, und so beginnt sich der Körper in das zu gliedern, was wir „Organe" nennen, d. h. Werkzeuge des Gesamtlebewesens, wie es das griechische Wort Organon wörtlich übersetzt bedeutet. Die hierbei eingeschlagenen Wege sind ebenso verschieden, wie die Höhe der erreichten Gliederung, immerhin vermögen wir auch hierbei noch einigermaßen die Schritte der Umgestaltung zu verfolgen; darauf beruht das sogenannte „natürliche System" der Organismen. Die Entwicklung des Tierreichs von den landläufig so genannten niederen zu den höheren Formen ist letzten Endes nichts anderes als die Herausbildung und Ausgestaltung immer neuer und leistungsfähigerer Organe. Es wäre eine sehr reizvolle Aufgabe, diesen allmählichen Werdegang der Tierwelt im einzelnen darzustellen, sie würde aber den Rahmen dieses Büchleins bei weitem überschreiten. Wir müssen uns also darauf beschränken, die wesentlichsten Züge in der Entwicklung der einzelnen Organsysteme kurz darzulegen.

Da sind zunächst einmal die sogenannten Schutzorgane. Eine nackte, allen Angriffen der Umgebung ausgesetzte Körperoberfläche ist im allgemeinen nur möglich bei den Tieren, die entweder sehr klein sind, oder in einer besonders geschützten Umgebung leben. So sind nackt sehr viele Urtiere, sowie die jüngsten Entwicklungsformen (Larven) sehr vieler höherer Tiere und die meisten Schmarotzer, die sich im Darm oder in den Geweben anderer Tiere aufhalten. Bei den frei lebenden Tieren zeigt sich bald das Bedürfnis nach einer schützenden äußeren Hülle. Schon bei den Wechseltierchen finden wir eine ganze Anzahl Formen, die ihren weichen Protoplasmakörper mit deckel- oder schalenartigen Hüllen umgeben. In unseren Tümpeln lebt beispielsweise ein solches Urtierchen, dessen Weichkörper in einer braunen Schale steckt (Abb. 9a), die ungefähr wie der Hut eines Pilzes aussieht. Doch wo beim Pilz der Stiel sitzt, hat die Schale ein Loch, aus dem das Protoplasma füßchenartig herausquellen kann. Andere, die sogenannten Kammertierchen, bauen sich eine spiralig aufgewundene, schneckenhausartige Kalkschale, die von

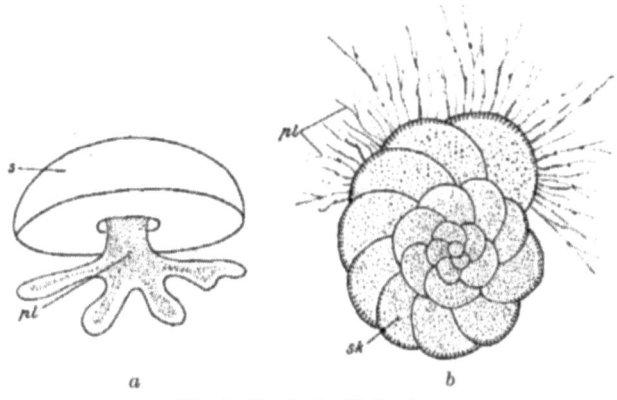

Abb. 9. Beschalte Urtierchen.
a Pilztierchen, Arcella; *b* Kammerling, Rotalia.
pl Plasmafortsätze; *s* Schale; *sk* Schalenkammern.

zahlreichen Löchern durchbohrt ist, aus denen das Protoplasma in Form feinster strahlenartiger Fädchen hervorgestreckt werden kann (Abb. 9b). Nach dem Tode der Tierchen, die schwebend an der Meeresoberfläche leben, sinken diese Panzer zu Boden und häufen sich gelegentlich zu mächtigen Schichten auf dem Meeresgrunde an. Die gewaltigen Kreidefelsen von Stubbenkammer auf Rügen bestehen fast rein aus solchen Schalen. Wenn man ein Bröckchen davon in einem Wassertropfen unter dem Mikroskop zerkleinert, so kann man heute noch die feinsten Einzelheiten der Panzer dieser Tiere erkennen, die vor Millionen von Jahren dort in einem warmen blauen Meere ihr Dasein führten.

Schalentiere in ganz besonders charakteristischer Form sind die Weichtiere, Mollusken. Jedermann kennt ja die Schneckenhäuser oder die zweiklappigen Schalen der Muscheln, die dem weichen nackten Körper dieser Tiere einen so vortrefflichen Schutz bieten. Die eigentliche Körperoberfläche ist mit dieser Schale nur an einigen Stellen verbunden, bei der Bewegung tritt der Körper daraus hervor, kann sich aber mehr oder weniger vollständig in die Schale zurückziehen, wenn Gefahr droht. Das hat ja wohl jeder schon auf Spaziergängen bei unserer Weinbergschnecke oder ihren kleineren Verwandten beobachtet. Was wir auf dem Lande von solchen Schalenträgern beobachten, gibt nur eine sehr unvollkommene Vorstellung von der Fülle und Mannigfaltigkeit der Formen, welche die Muscheln und besonders die Schnecken vor allem in den warmen Meeren der Tropen erreichen. Wer einmal Gelegenheit hat, in einem zoologischen Museum eine Sammlung von Schneckenhäusern zu sehen, wird erstaunt und begeistert sein von der Vielseitigkeit und Eleganz ihrer Formen und dem Reichtum und der feinen Schattierung ihrer Farbe und Zeichnung.

Ein anderes Verfahren zur Gewinnung einer schützenden Körperhülle haben unter den Meerestieren die Stachelhäuter eingeschlagen. Jeder, der an der Meeresküste gewesen ist, kennt Seeigel und Seesterne. Auch bei ihnen ist der Körper von einem schützenden Kalkpanzer umgeben, er wird aber nicht von der Haut nach außen abgeschieden, sondern entsteht aus dem darunterliegenden Bindegewebe. Die äußere Körperoberfläche bleibt also weich und empfindlich, und der Panzer schützt nur die inneren Organe. Daher können die Stachelhäuter auch nur im Wasser leben; sie sind die einzige große Tiergruppe, deren Mitglieder sich ausschließlich im Meere finden.

Als die Tierwelt dazu überging, sich vom Wasser aus die Oberfläche des festen Landes und den Luftraum zu erobern, wurden sie vor ein neues Problem gestellt. Es galt nämlich, die Körperoberfläche nicht nur gegen Druck und Stoß, sondern vor allem gegen die austrocknende Wirkung der Luft zu schützen. Die beiden großen Tiergruppen, die dem Landleben vor allem das Gepräge geben, die Gliederfüßer und die Wirbeltiere, haben jeder für sich die Aufgabe in verschiedener Weise gelöst. Bei den Gliederfüßern bedeckt sich die Haut mit einem Panzer, der aus einer zunächst flüssig weichen, später erhärtenden Ausscheidung der Hautzellen hervorgeht. So entsteht das feste, dabei aber biegsame und elastische Hautskelett, wie es uns in vollkommenster Weise die Insekten, also vor allem Käfer, Fliegen, Bienen und Schmetterlinge zeigen. Hier wird der Körper allseitig bis in seine feinsten Teile von einer gegliederten, in Scharnieren beweglichen Hülle umgeben. Sehr treffend hat man daher diese Tierformen mit den gepanzerten Rittern des Mittelalters verglichen.

Die Wirbeltiere haben keinen Panzer in diesem Sinne. Bei ihnen setzt sich die Haut aus zahlreichen Zellschichten zusammen. Die obersten dieser Schichten wandeln sich durch eine Art Vertrocknungsvorgang in eine feste, luftdicht abschließende Deckschicht um, sie „verhornen". Vielfach, so an unserem eigenen Körper, bleibt diese Hornschicht im allgemeinen dünn und weich. Daß sie aber auch gelegentlich panzerartig fest werden kann, zeigen etwa unsere Nägel oder noch besser die Hufe und Krallen vieler Säugetiere. Einen besonders festen und widerstandsfähigen Hornpanzer bilden viele Kriechtiere aus, die Schlangen und Eidechsen, und vor allem die Krokodile und Schildkröten.

Ein solcher Panzer bietet zwar einen vorzüglichen Schutz, hat aber den Nachteil, daß er, einmal erhärtet, nicht mehr mit wächst. Die Tiere werden dadurch gezwungen, von Zeit zu Zeit im wahren Sinne des Wortes „aus der Haut zu fahren". Wer einmal eine Schlange sich häuten oder einen Schmetterling hat aus der Puppe schlüpfen sehen, weiß, was das bedeutet.

Mit dieser Ausbildung eines festen Schutz- und Stützorganes verbindet sich nun in eigenartiger Weise die Vervollkommnung des Bewegungsapparates bei den höheren Tieren. Ein einzelliges Urtierchen, das im Wasser schwebt oder kriecht, vermag das minimale Gewicht seines Körpers durch das Ausstrecken seiner Wurzelfüßchen oder durch den Schlag dünner Protoplasmafortsätze, der Geißeln und Wimpern hinreichend fortzubewegen (Abb. 10). Auch die jüngsten im Wasser schwebenden Larvenstadien vieler höheren Tiere sind dazu noch imstande; wird der Körper verhältnismäßig groß, so helfen sich die Tiere durch Ausbildung einiger Zellreihen mit besonders kräftigen Wimpern (Abb. 10c). Sobald aber der Körper größer und schwerer wird, muß eine andere Einrichtung dafür eintreten, die Muskulatur. Schon bei unserem Süßwasserpolypen sahen wir solche Muskelfasern als eine äußere Längs- und innere Ringschicht ausgebildet, die durch

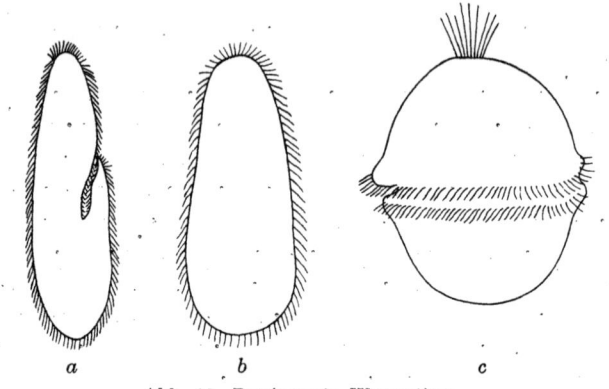

Abb. 10. Bewimperte Wassertiere.
a Pantoffeltierchen; b Larve einer Koralle; c Larve eines Ringelwurms.

abwechselnde Zusammenziehung und Erschlaffung den Körper verkürzen und ausstrecken, krümmen und biegen konnte. Je größer der Körper wird, desto mächtiger wird diese Muskulatur. Bei den Würmern bildet sie dicht unter der Haut einen Mantel um die inneren Organe, den sogenannten Hautmuskelschlauch; bei den Weichtieren liefert sie als vielfach sich durchkreuzende und durchflechtende Fasermasse den größten Teil der zähen Körpersubstanz. Solange eine solche Muskelmasse aber nur durch Verschiebung der Weichteile wirkt, vermag sie zwar sehr mannigfaltige und ausgiebige Zusammenziehungen und Krümmungen auszuführen, sie bringt es aber nicht zu größerer Schnelligkeit der Bewegung. Ganz anders wird die Sache, wenn die Muskeln an den Stützorganen des Körpers Ansatzpunkte und Widerlager finden. Dann entsteht das feine Zusammenspiel von Muskel und Skelett, wie es die gewandtesten und beweglichsten Tiere, die Gliedertiere und die Wirbeltiere auszeichnet (Abb. 11 u. 12). Die Gliedertiere benutzen dazu ihren Panzer, dessen einzelne Ringe nunmehr von verschieden gerichteten Muskelgruppen gegeneinander verschoben und gewinkelt werden können. Die Wirbeltiere schaffen sich im Gegensatz dazu ein inneres Skelett aus Knochenstäben, die in Gelenken gegeneinander bewegt werden können und um die herum die Muskulatur in einzelnen scharf getrennten Bündeln angeordnet ist. Die Ar-

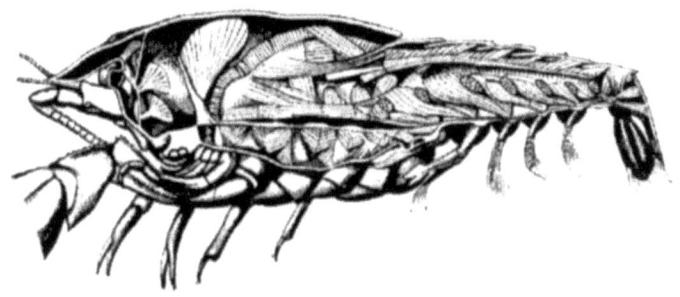

Abb. 11. Muskelbündel im Panzer eines Krebses. Im Hinterleib erkennt man besonders gut die Muskeln, welche die einzelnen Panzerringe gegeneinander bewegen.

beitsweise eines solchen Systems ist uns ja von den Bewegungen unserer Gliedmaßen her vertraut. Wer einmal ein laufendes Insekt beobachtet hat, weiß, daß diese Tiere mit ihrem gewissermaßen umgekehrt angeordneten Bewegungsapparat ähnlich vollkommene Leistungen erzielen können. Allerdings ist es unmöglich, in einem Gelenk, bei dem die Muskeln innen angreifen, so ausgiebige Winkelstellungen zu erreichen wie im umgekehrten Fall. Das geht wohl aus der Abb. 13 hinreichend deutlich hervor. Die Folge davon ist, daß die Gliedertiere weit zahlreichere Gelenke haben müssen, deren Einzelbewegungen sich summieren. Besonders schön kann man das erkennen, wenn man das Bein eines Insekts mit dem eines

Abb. 12. Muskulatur einer Hirschkuh. Man erkennt deutlich die einzelnen Muskeln und ihren Ansatz an den Knochen.

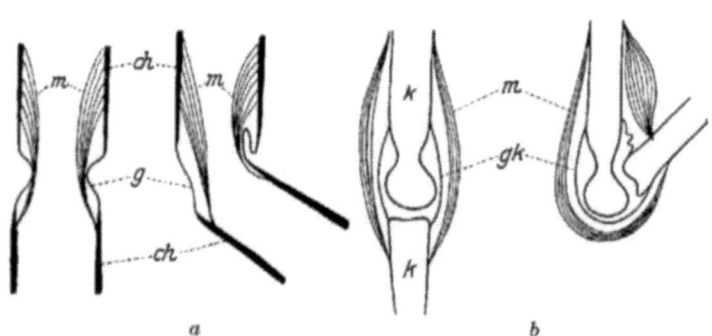

Abb. 13. Anordnung der Muskeln um die Gelenke bei Gliederfüßern (*a*) und Wirbeltieren (*b*). *m* Muskel; *g* Gelenk; *gk* Gelenkkapsel; *ch* Chitinpanzer; *k* Knochen. Jedes Gelenk ist links gestreckt, rechts gebeugt dargestellt.

Wirbeltiers vergleicht — dort zahlreiche kurze, hier wenige lange Abschnitte.

In dem Maße, wie die äußere Haut als Schutz- und Stützorgan ausgebildet wird, wird sie für den Durchtritt der Ernährungsstoffe unbrauchbar. Ein Wechseltierchen konnte noch mit jeder beliebigen Stelle seiner Körperoberfläche seine Nahrungsstoffe umfließen und sie in das Innere aufnehmen. Bei den höheren Tieren ist das im allgemeinen unmöglich. Eine sehr bemerkenswerte Ausnahme machen hierin nur die Schmarotzer, die im Inneren anderer Tiere leben. Einerseits brauchen sie keine geschützte Hautfläche, andererseits werden sie von allen Seiten von den flüssigen Nährstoffen der Körpersäfte oder des Darminhaltes umgeben. Für sie ist es also das einfachste, die Nahrungsstoffe direkt durch die äußere Körperoberfläche durchtreten zu lassen. Tatsächlich finden wir auch bei vielen dieser Tiere überhaupt keine Mundöffnung und keinen Darm mehr, obwohl wir in vielen Fällen mit Sicherheit feststellen können, daß diese Tiere von Formen abstammen, die einen Darm besaßen. Dieses ist ein besonders lehrreiches Beispiel dafür, daß bei Veränderungen der Lebensbedingungen Organe ebenso wieder verschwinden können, wie sie durch andere Bedürfnisse hervorgerufen werden. Die freilebenden Tiere bedürfen im allgemeinen eines Darmes, und seine Ausgestaltung wird um so verwickelter, je umfangreicher die Nahrung und je schwieriger ihre Verarbeitung wird. Hatte unser Süßwasserpolyp noch ein einfaches, schlauchförmiges Darmrohr, so gliedert sich dies bei den höheren Formen je nach den wechselnden Ansprüchen. Meist durchzieht der Darm die ganze Länge des Körpers. Die Nahrung tritt am vorderen Ende in die Mundöffnung ein, und die unbrauchbaren Schlacken werden zur hinteren Afteröffnung wieder ausgestoßen. Nun übernimmt der vordere Abschnitt zunächst die mechanische Verarbeitung der Nahrungsstoffe, im besonderen ihre Zerkleinerung, wenn es sich um feste Nahrungskörper handelt. Dies leistet z. B. bei uns die Mundhöhle mit der Zunge und den Zähnen, welche die Bissen abschneiden, zerkauen, mit Speichel durchtränken und schubweise in den Magen befördern (Abb. 14, 15, 16). Je

nach der Art der Nahrung gestaltet sich die Ausbildung dieses
Gebisses höchst verschieden, wie du leicht beim Vergleich der

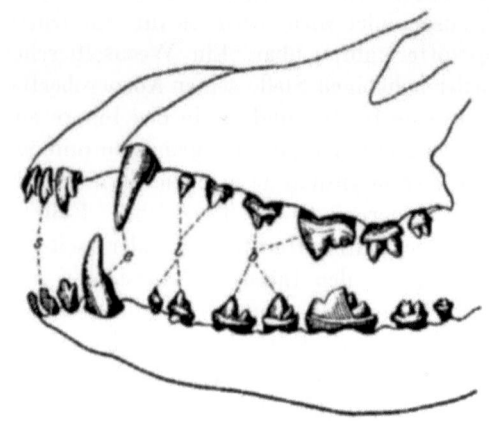

Abb. 14. Gebiß vom Hund.
s Schneidezähne: *e* Eckzähne; *l* Lückzähne; *b* Backenzähne.

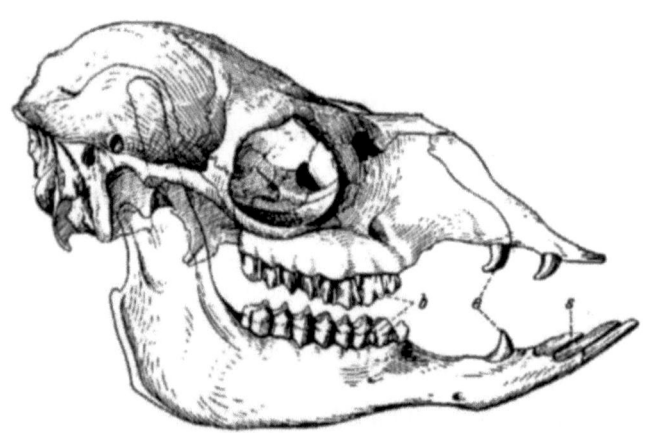

Abb. 15. Gebiß vom Lama.
s Schneidezähne; *e* Eckzähne; *b* Backenzähne.

drei abgebildeten Gebisse von Säugetieren erkennen wirst.
Beim Hunde, dem ursprünglichen Raubtier, fallen besonders
die mächtigen Fangzähne auf, welche die Beute packen, und

die spitzen, scharfkantigen, scherenartig ineinander greifenden Backzähne zum Zerreißen und Zerknacken von Fleisch und Knochen. Beim Lama, dem Pflanzenfresser, finden wir die Backzähne zu hohen, breiten, eng geschlossenen Mahlflächen ausgebildet, die zum feinsten Zerreiben der hartschaligen Pflanzenzellen dienen. Die Vorderzähne sind fast ganz geschwunden, sie helfen nur den Lippen beim Abrupfen des Grases. Der Gorilla zeigt wie der Mensch ein vielseitiges Gebiß; die Vorderzähne mit meißelförmigen Schneiden zum Abschneiden der Bissen, die Backzähne mit breitkronigen Mahlflächen. Aus dem Bau des Gebisses kann der Kenner mit größter Sicherheit die Ernährungsweise eines Tieres bestimmen.

Während die Wirbeltiere die Zerkleinerung der Nahrung im Munde besorgen, bedienen sich die Gliederfüßer dazu besonderer Hilfsapparate, der Mundgliedmaßen, die meist zu mehreren Paaren vor der Mundöffnung stehen und die Nahrung zerkleinern, ehe sie in den Körper aufgenommen wird

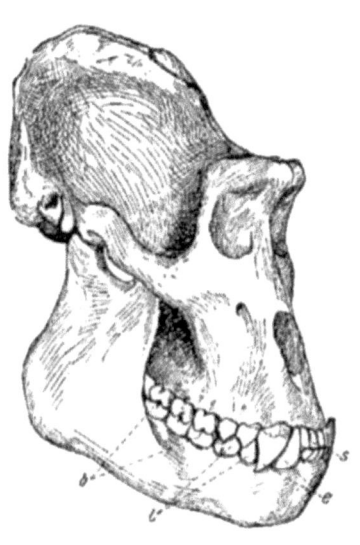

Abb. 16. Gebiß vom Gorilla.
s Schneidezähne; *e* Eckzähne; *l* Lückzähne; *b* Backenzähne.

(Abb. 17). Das vorderste Paar, die Mandibeln, sind dabei die eigentlichen Kauwerkzeuge, während die darunter liegenden Maxillen die Speise festhalten und die zerkleinerten Teile schüsselartig auffangen, damit nichts verlorengeht. Reichen diese Apparate noch nicht aus, so entwickeln sich im Vorderdarm noch besondere Kaumägen mit mächtigen Muskellagen, Reibplatten und Zähnen im Innern, wie wir sie auch bei den Wirbeltieren finden, bei denen die Zähne in Wegfall gekom-

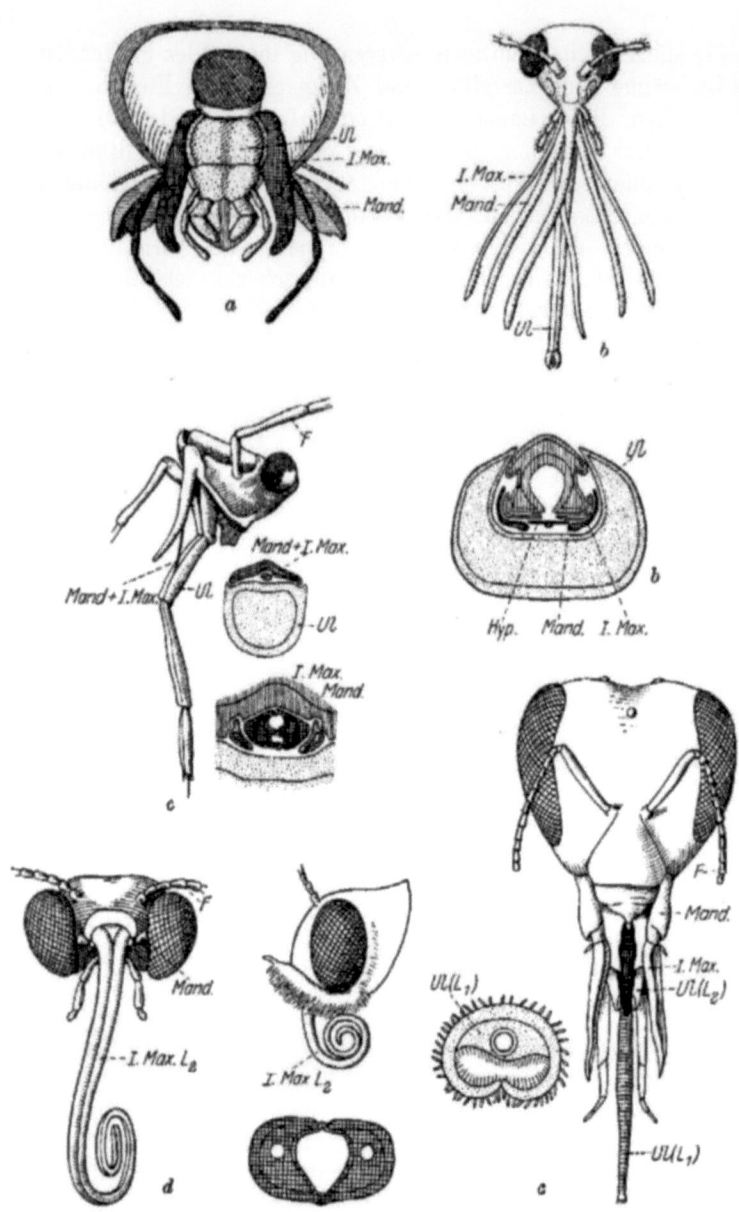

Abb. 17. Erklärung siehe S. 35 unten.

men sind, wie den Vögeln (Abb. 18). Man braucht nur einmal den Magen einer Gans oder einer Taube zu betrachten,

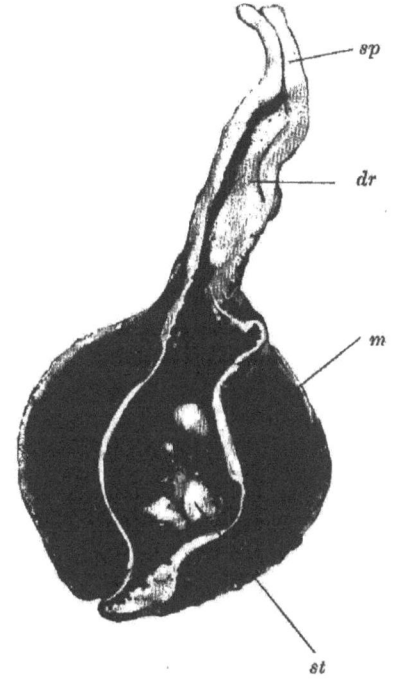

Abb. 18. Kaumagen eines Kranichs. Im Magenraum die Mühlsteine.
sp Speiseröhre; *dr* Drüsenmagen; *m* Muskelmagen;
st Steine im Muskelmagen.

mit seiner dicken Muskelwand und dem hornigen Überzug im Innern, um die Bedeutung dieser mächtigen Nahrungsmühlen

---

Abb. 17. Mundwerkzeuge verschiedener Insekten. *a* einer Grille mit beißenden Mundteilen; *b* einer Mücke mit stechenden Mundteilen, die einzeln auseinandergelegt sind, darunter ein Querschnitt durch den ganzen Rüssel mit den darin liegenden einzelnen Teilen; *c* einer Wanze, von der Seite gesehen, ebenfalls darunter Querschnitt; *d* saugende Mundteile eines Schmetterlings, links der Rüssel auseinandergerollt, darunter im Querschnitt; *e* leckende Mundteile einer Biene, daneben der Querschnitt der Unterlippe.
Mand. Oberkiefer; *I. Max.* Unterkiefer; *UL.* Unterlippe.

zu verstehen. Als Mühlsteine dienen dann gelegentlich noch richtige Steine, die der Vogel verschluckt und im Kaumagen aufspeichert.

Mit der Art der Nahrung ändert sich auch die Gestalt der Mundwerkzeuge, wie uns am schönsten die Insekten zeigen. Neben den beißenden und schneidenden, scheren- und zangenförmigen Kiefern der Käfer und Heuschrecken stehen die Leckzungen der Bienen und Wespen, und die Saugkissen der Stubenfliege sowie die langen Rollrüssel der Schmetterlinge zum Aufsaugen von süßen Säften. Die Stechwerkzeuge der blutsaugenden Arten, Mücken, Wanzen, Flöhe und der Pflanzensauger, Blattläuse und Zikaden kombinieren die Saugpumpe noch mit einem Bohrapparat. Die Abb. 17 zeigt nebeneinander eine Reihe solcher Mundteile von Insekten, die den verschiedensten Aufgaben angepaßt sind. Ähnlich ist die Vielseitigkeit auch bei den Krebsen.

Der weitere Teil des Darmes dient dann zunächst zur chemischen Zersetzung und Verflüssigung der Nahrung und später der Aufsaugung der gelösten Stoffe. Seine Wandung ist weich und meist in allerhand Falten und Zotten gelegt. In diesem Teil der Darmwand sitzen große Mengen von Drüsenzellen, welche die Verdauungssäfte abscheiden. Häufig bilden diese Drüsen besondere Organe, die manchmal weit von dem eigentlichen Darmraum abrücken und ihre Ausscheidungen durch besondere Gänge in den Hohlraum des Darmes ergießen. So ist z. B. beim Menschen wie bei den meisten Wirbeltieren die Leber und die Bauchspeicheldrüse als eine gesonderte Drüsenbildung entstanden. Die Speisen kommen gar nicht mehr mit ihnen in Berührung, sondern ihre Erzeugnisse, die Galle und der Bauchspeichel, werden durch besondere Gänge in den Anfangsteil des Dünndarms, den sogenannten Zwölffingerdarm hineingeleitet. Anders steht es mit den sogenannten Lebern vieler niederer Tiere, z. B. der Weichtiere, Stachelhäuter und Krebse. Dies sind große, vielgefaltete und verästelte Aussackungen des Darmes, in welche der fein verteilte Nahrungsbrei hineingelangt, um dort chemisch zersetzt und aufgesogen zu werden.

Während die Aufnahme der festen und flüssigen Nahrung

gewöhnlich durch den Darm geschieht, bilden sich für die Aufnahme des für die Lebensvorgänge notwendigen Sauerstoffs besondere Apparate heraus, die Atmungsorgane. Die Bedeutung des Sauerstoffs besteht darin, daß mit seiner Hilfe die in die Körpersäfte eingetretenen Nahrungsstoffe chemisch umgesetzt, verbrannt und die in ihnen aufgespeicherte Energie für die Arbeitsleistung des Körpers freigemacht wird. Der Sauerstoff ist ein Gas, das sich sowohl in der Luft wie im Wasser gelöst findet. Um ihn aufzunehmen, müssen dünne Stellen der Körperoberfläche vorhanden sein, durch die er direkt in die Gewebe übertreten kann. Solange die Körperhaut dünn und weich ist, bietet das natürlich keine Schwierigkeiten. Sobald sie aber verhärtet, müssen eigens Stellen für diesen Zweck ausgespart werden. Bei den im Wasser lebenden Tierformen sind dies meist nach außen hervorragende gefaltete oder baumförmig verästelte Gebilde, die als Kiemen bezeichnet werden. Sie können sich an den verschiedensten Stellen des Körpers bilden, jeweils da, wo das Wasser am bequemsten Zutritt hat. So finden wir sie bei den Weichtieren, z. B. unseren Flußmuscheln, als zwei große, gitterartig durchbrochene Vorhänge jederseits in dem Hohlraum zwischen der Schale und der Körperwand, der sogenannten Mantelhöhle, durch die ständig ein Wasserstrom hindurchgetrieben wird. Bei manchen in Röhren eingeschlossenen Würmern sitzen sie an dem frei hervorragenden Kopfende, bei anderen in Reihen zu beiden Seiten des Hinterleibes, bei den Krebsen vielfach an den Wurzeln der Beine, oft durch einen besonderen Deckel geschützt, wie bei unserem Flußkrebs (Abb. 19a u. 19b). Besonders eigenartig ist das Problem bei den Fischen gelöst. Dort befinden sich in der Wand des Vorderdarmes zu beiden Seiten eine Reihe von Öffnungen, die Kiemenspalten, welche außen durch die Körperwand münden und dort meist noch von einem besonderen Kiemendeckel überdacht sind. Das Wasser wird durch den Mund aufgenommen und strömt dann durch die Kiemenspalten nach außen ab. Auf den Knochenspangen, welche die Kiemenspalten voneinander trennen, sitzen die Kiemen als fransenartige, reich von Blut durchströmte Anhänge. Man braucht nur am Kopf irgendeines Fisches die Kiemendeckel abzuheben, um ein gutes Bild dieser Atmungsorgane zu bekommen.

Anders ist die Konstruktion bei den luftlebenden Tieren. Kiemenartig in die Luft vortretende Atmungsorgane würden

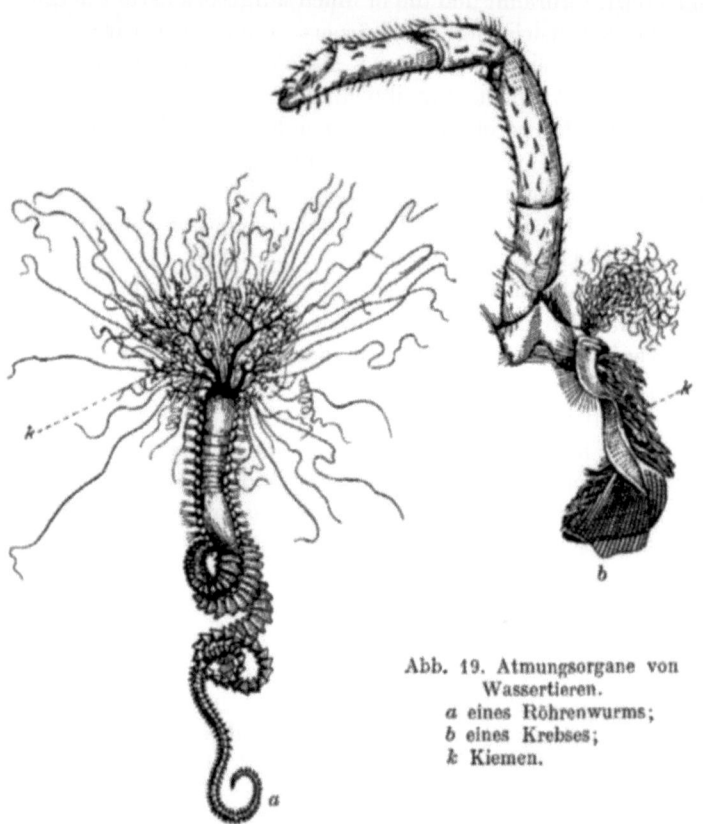

Abb. 19. Atmungsorgane von Wassertieren.
a eines Röhrenwurms;
b eines Krebses;
k Kiemen.

zu leicht verletzlich sein und außerdem zu schnell austrocknen. Deshalb werden sie gleichsam nach innen umgeschlagen, in sackförmige Vertiefungen in das Innere des Körpers verlagert, und bilden so die Lungen. Betrachtest du etwa eine Spinne von der Bauchseite, so findest du am verschmälerten Ansatz des Hinterleibes ein Paar schmale Spalten. Klappt man die Bauchwand auf, so sieht man (Abb. 20) tiefe Taschen, in welche die Haut in schmalen Falten vorspringt, die wie die Blätter eines Buches dicht nebeneinander liegen. In diese Blätter dringt die Luft ein und kann so ihren Sauerstoff an das umspülende Blut abgeben. In anderer Weise haben die Wirbeltiere die Aufgabe gelöst. Sie treiben aus dem Vorderdarm ein Paar mit Luft erfüllte Taschen in die Brusthöhle vor. Denen wird dann die Luft meist durch einen besonderen

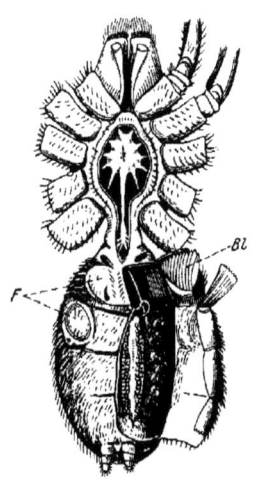

Abb. 20. Atmungsorgane einer Spinne.
F Deckel der Atemhöhle; *Bl* Lungenblätter.

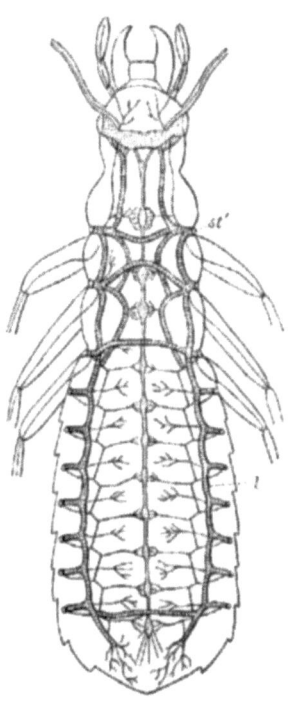

Abb. 21. Atemröhren eines Insekts. *l* Luftröhren; *st* ihre Mündungen, Stigmen.

Gang zugeführt, den Nasengang und die Luftröhre. In besonders origineller Weise haben sich die Insekten mit der Aufgabe abgefunden. Sie haben nämlich eine Gasleitung in ihren Körper eingebaut. Sieh dir die Abb. 21 an; du erkennst dann zu beiden Seiten des Körpers auf jedem Leibesring eine feine Öffnung. Durch diese tritt die Luft in eine

Rohrleitung, die mit einem Hauptkanal den Körper rechts und links in seiner ganzen Länge durchzieht. Von diesem Hauptrohr führen dann sich verästelnde, immer feiner werdende Rohrleitungen den Sauerstoff bis an seine Verbrauchsstellen in allen inneren Organen. Wer etwa einmal beobachtet hat, wie ein Maikäfer, den man auf der Hand hält, „zählt", ehe er fortfliegt, hat dabei erlebt, wie dieses Insekt sein Tracheensystem, das große Luftsäcke enthält, mit Luft vollpumpt, um dadurch den schweren Körper für den Flug leichter zu machen. Ein alter Forscher hat, gerade vor hundert Jahren, diese Luftleitung des Maikäfers mit bewundernswerter Genauigkeit studiert und abgebildet. Unsere Abb. 22 gibt eine seiner Zeichnungen wieder, aus der man wenigstens ungefähr einen Eindruck von der Fülle und Mannigfaltigkeit dieser Luftgänge und Säcke gewinnen kann. Wir sehen hier ein Beispiel, wie ein ursprünglich für einen Zweck, hier die Atmung, geschaffenes Organ zu einer ganz neuen Neben-

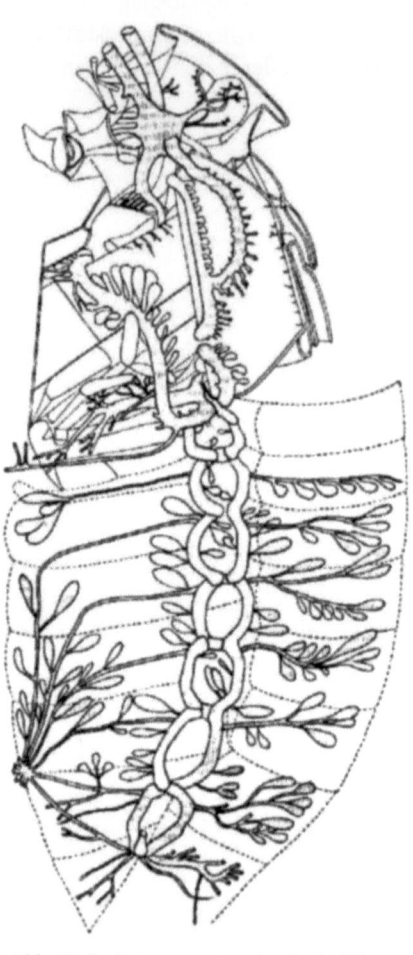

Abb. 22. Luftgänge und Luftsäcke im Hinterleib und der Brust des Maikäfers. Die Lufträume sind dunkel getönt.

leistung herangezogen werden kann. Genau das Gleiche finden wir bei den Vögeln, wo sich von den Lungen aus Luftsäcke zwischen die Eingeweide, ja bis in das Innere der Knochen hinziehen.

Ein Organsystem, das erst mit zunehmender Dicke der Körperwand erforderlich wird, und das daher auch unserem Süßwasserpolypen noch vollständig fehlt, sind die Ausscheidungsorgane, die Nieren. Solange die Körperwand nur aus wenigen Zellschichten besteht, können die bei der Lebenstätigkeit der einzelnen Zellen entstehenden Abfälle entweder nach außen in das umgebende Wasser oder nach innen in die Darmhöhle abgeschieden werden. Wird die Körperwand aber massiger, so wird eine Kanalisation für die Beseitigung der Abfälle geschaffen. Bei den niederen Würmern sehen wir auf beiden Seiten durch die dichte Körpersubstanz eine Röhrenleitung gehen, die am Hinterende des Tieres nach außen mündet (Abb. 23). Am Hauptkanal sitzen kurze, am Ende blasenartig erweiterte Nebenkanäle, in denen durch Wimperschlag ein lebhafter Flüssigkeitsstrom nach dem Hauptkanal und

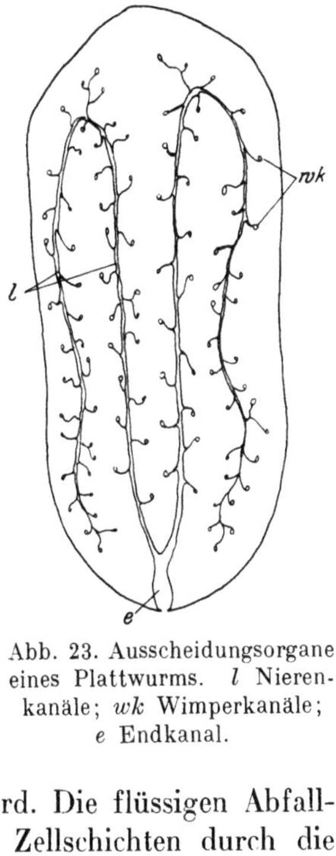

Abb. 23. Ausscheidungsorgane eines Plattwurms. *l* Nierenkanäle; *wk* Wimperkanäle; *e* Endkanal.

seiner Mündung hin unterhalten wird. Die flüssigen Abfallstoffe treten aus den umgebenden Zellschichten durch die dünne Wand der Kanäle und werden mit dem Flüssigkeitsstrom herausgewaschen. Im Prinzip ganz ähnlich sind die Nieren auch bei den höheren Tieren gebaut, nur durchziehen sie meist nicht den ganzen Körper, sondern finden sich an wenigen Stellen zusammengedrängt als große, vielfach aufgeknäuelte Schläuche. So entsteht auch die massige Niere der Wirbeltiere und des Menschen (Abb. 24). Dann übernimmt das im Körper kreisende Blut die Aufgabe, die Abfallstoffe von allen Seiten zu sammeln und sie durch die dünne Wand der Nierenkanälchen, die reich von Blutgefäßen umsponnen sind, zur Ausscheidung zu bringen. Von den Nieren führt dann ein Gang nach außen, an dem häufig noch ein Sammelbecken, die Harnblase angebracht ist.

Eine ungemein reiche und mannigfaltige Entwicklung gewinnen bei den höheren Tieren die Organe, welche die vielfachen Reize der Außenwelt aufzunehmen haben, die Sinnesorgane. Für einige dieser Leistungen bleibt es allerdings bei Einrichtungen, wie wir sie schon beim Süßwasserpolypen fan-

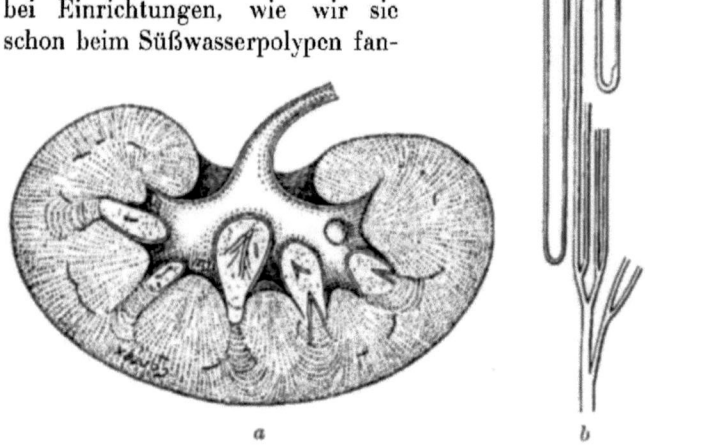

Abb. 24. Niere des Menschen. *a* Durchschnitt der Niere; *b* einzelne Harnkanälchen. Man sieht in *a* die Nierenrinde, die pyramidenförmig nach innen laufenden Sammelgänge, die sich in das Nierenbecken öffnen, von dem der Harnleiter ausgeht. In *b* sieht man zwei Harnkanälchen mit dem Blutgefäßknäuel am Anfang, ihren gewundenen Vorlauf und die Mündung in einen Sammelgang.

den. Berührungsreize müssen ja im allgemeinen von allen Körperstellen wahrgenommen werden können. So treffen wir bei den meisten Tieren über die ganze Körperoberfläche verteilt Tastzellen, die entweder mit haarartigen Spitzen aus der Haut hervorragen oder dicht unter der Oberfläche gelegen sind. Sie vermitteln die Wahrnehmung von Druck und Stoß, auch wohl die Unterschiede von warm und kalt, sowie die Schmerzempfindung. Ähnlich einfach gebaut bleiben meist auch die Organe des chemischen Sinnes, d. h. des Geruchs und Geschmacks, nur sind sie nicht mehr so allgemein verteilt, sondern finden sich am vorderen Körperende, mit dem die Nahrung aufgenommen wird und an das die Witterung von Feinden oder von Beute gewöhnlich zuerst herankommt. Besonders reich an solchen Organen sind die Fühler der Würmer und Gliedertiere. Man braucht nur einmal auf das lebhafte Fühlerspiel eines Insektes, einer Ameise oder eines Käfers zu achten, um eine Vorstellung davon zu bekommen, welch große Rolle das Tast- und Witterungsvermögen im Leben dieser Tiere spielt. Bei den Wirbeltieren haben sich die Geruchszellen in das Innere der Nasenhöhle zurückgezogen. Dort sind sie ausgezeichnet geschützt und doch am besten Platz, denn mit der in die Lunge gehenden Atemluft müssen ja auch alle Riechstoffe die Nase passieren.

Besonders verwickelt werden die Verhältnisse bei den Organen des Lichtsinnes. Schon das nackte Protoplasma des Wechseltierchens vermag Hell und Dunkel zu unterscheiden, ebenso wie der Süßwasserpolyp, obwohl wir bei diesem noch keine besonderen Sehzellen finden können. Diese ursprüngliche Lichtempfindlichkeit des Plasmas erhält sich vielfach auch bei höheren Tieren. So gibt es eine Anzahl Muscheln, die ganz im Schlamm des Meeresgrundes verborgen leben und nur ein Paar Atemröhren in das Wasser emporstrecken. Beobachtet man die Tiere im Sonnenschein und läßt dann den Schatten der Hand auf die Atemröhren fallen, so sieht man, wie sie sich sofort zusammenziehen. Bei den meisten höheren Tieren bilden sich aber besondere Sehzellen aus, die sich meist am vorderen Körperende zu Gruppen zusammenschließen. So entstehen die „Augen". Im einfachsten Falle ist ein solches Auge eine Gruppe von Sehzellen, die becherartig von anderen Zellen umgeben werden, in denen sich Körnchen eines dunklen Farbstoffs ablagern, das sogenannte Pigment. Dies blendet die Lichtstrahlen ab, so daß sie nur von einer Seite, nämlich durch die Öffnung des Pigmentbechers, die Sehzellen erreichen können. Diese einfache Einrichtung ermöglicht es den Tieren, sich in ihren Bewegungen nach dem Licht zu richten. Die Abb. 25 wird uns das leicht klarmachen. Wir sehen das Licht aus einer Richtung, in unserer Zeichnung vom oberen Rande der Seite, auf 2 verschiedene Tierarten mit Becheraugen fallen, die sich zunächst quer zum Lichteinfall bewegen (a, a_1). Die Strahlen können dann nur in den nach oben gerichteten Augenbecher fallen. Also werden nur diese Sehzellen gereizt; das hat zur Folge, daß durch Nervenübertragung die Bewegung beider Körperseiten verschieden beeinflußt wird. Bei dem linken Tier arbeitet die dem Licht abgewendete Seite stärker, das Tier wird so allmählich zum Licht hingedreht, beim rechten ist es gerade umgekehrt. Sind beide Augen gleichmäßig belichtet bzw. abgeblendet, so bewegen sich die Tiere geradeaus, zur Lichtquelle hin oder von ihr weg.

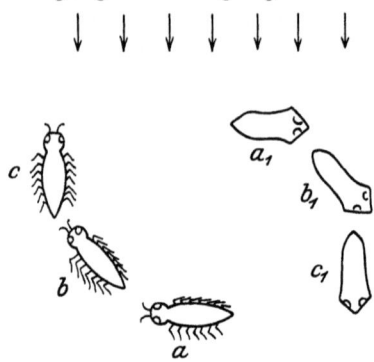

Abb. 25. Richtender Einfluß des Lichts auf die Bewegung der Tiere. a lichthold (positiv phototrop); a_1 lichtscheu (negativ phototrop). Weitere Erklärung im Text.

In der weiteren Entwicklung sehen wir die Lichtsinneszellen sich aus der gleichmäßigen Lage der Körperoberfläche zurückziehen, indem sie eine gruben- oder becherförmige Einsenkung bilden. In deren Hintergrund liegen sie dann dicht gedrängt nebeneinander und strecken ihre lichtempfindlichen Spitzen den einfallenden Strahlen entgegen. So ist die Netzhaut entstanden, die gewöhnlich wieder von einem Pigmentbecher umschlossen wird.

Ein solches einfachstes Auge führt nun zu dem ungeheuren Fortschritt, daß nicht nur Helligkeitsunterschiede wahrgenommen, sondern wirklich „gesehen" werden kann, d. h. Formen und Gegenstände scharf auf der Netzhaut abgebildet werden. Ist nämlich der Becher fast ganz geschlossen, wie wir es bei dem in Abb. 26 dargestellten Auge eines Tintenfisches finden, also die Öffnung, durch welche die Lichtstrahlen hineinfallen können, sehr eng, so entsteht auf dem Hintergrunde der Netzhaut ein Bild der vor dem Auge befindlichen Gegenstände. Man kann sich diese Tatsache klarmachen, wenn man bei hellem Tageslichte ein Zimmer vollständig verdunkelt und nur durch eine ganz enge kreisförmige Öffnung das Außenlicht auf einen weißen Schirm fallen läßt. Man wird dann auf dem Schirm zwar lichtschwache, aber deutliche Bilder der außen befindlichen Gegenstände sehen (Abb. 27).

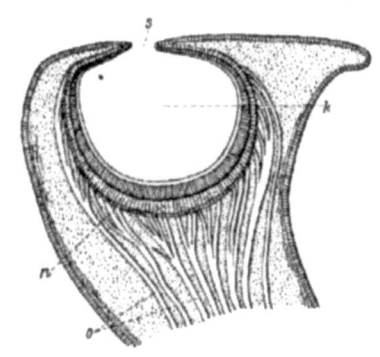

Abb. 26. Schnitt durch das Auge des Tintenfisches Nautilus. s Sehloch; k Augenkammer; n Netzhaut; o Sehnerv.

Die Erklärung liegt darin, daß von den, von den einzelnen Punkten der Gegenstände ausgehenden Lichtstrahlen jeweils nur ein einzelner oder ein ganz schmales Bündel durch die Öffnung hindurchgelangen kann. Da jeder Lichtstrahl sich gradlinig fortpflanzt, so wird er auf eine bestimmte, dem Gegenstand gerade gegenüberliegende Stelle des Schirmes fallen, und die so entstehenden Abbildungspunkte werden sich zu einem scharfen Bilde des Gegenstandes zusammenfügen.

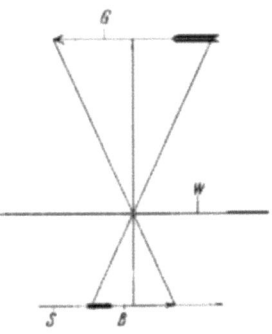

Abb. 27. Prinzip der Camera obscura. G Gegenstand; W Wand mit Öffnung zum Durchtritt der Lichtstrahlen; S Schirm mit dem umgekehrten Bild B.

Weit vollkommener wird der Apparat, wenn eine Einrichtung getroffen wird, die es gestattet, viele von einem Punkte ausgehende Lichtstrahlen wieder auf einem Punkte der Netzhaut zu vereinigen. Diesen Zweck erfüllt bekanntlich in unserem Auge die sogenannte Linse, ganz in der gleichen Weise, wie etwa die Glaslinse in einem photographischen Apparat. Wie dort auf der Mattscheibe, so entsteht auch auf der Netzhaut ein scharfes Bild der umgebenden Gegenstände, das aber ganz bedeutend lichtstärker ist als das bei dem eben beschriebenen linsenlosen Auge. Diese Linse nun aber hat gar nichts mit dem ursprünglichen Sehzellenapparat zu tun, sondern sie entsteht aus einem ganz anderen Gewebe. Bei unserem Auge dadurch, daß sich die Haut über den Augenbecher herüberlegt, sich in der Mitte verdickt und als eine linsenförmige Scheibe in die Vorderwand des Augenbechers einpaßt. Diese Linsenzellen werden völlig glasklar durchsichtig, ebenso wie der darüberliegende Hauptteil der Haut, die sogenannte Hornhaut. Wie wir beim photographischen Apparat durch eine kreisförmig sich verengernde oder erweiternde Scheibe, die Blende, die Menge der einfallenden Lichtstrahlen regulieren können, kann es auch unser Auge durch eine sich zwischen Hornhaut und Linse einschiebende Bindegewebsschicht, die bunt gefärbte Regenbogenhaut. Beim Photographenapparat können wir das Bild scharf einstellen, indem wir die Entfernung der Mattscheibe von der Linse verändern, ebenso läßt sich auch im Auge durch Muskelzug die Linse verschieben oder, was im Erfolg auf das gleiche herauskommt, die Krümmung ihrer Oberfläche verändern. Endlich

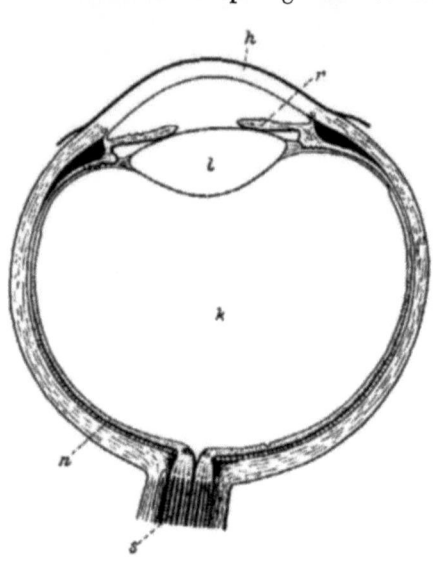

Abb. 28. Hochentwickeltes Auge des Menschen. *h* Hornhaut; *r* Regenbogenhaut; *l* Linse; *k* Augenkammer; *n* Netzhaut; *s* Sehnerv.

treten unter den Sinneszellen der Netzhaut Unterschiede auf, indem die einen, die Zapfen, ein besonderes Unterscheidungsvermögen für Farben entwickeln, die anderen, die Stäbchen, sich auf den Unterschied von Hell und Dunkel einstellen. So entsteht Schritt für Schritt in der Tierreihe aus der einfachen Lichtwahrnehmung der wundervolle Apparat des Auges (Abb. 28). Besonders merkwürdig ist, daß diese Höchstleistung in drei verschiedenen Tiergruppen auf ganz verschiedenen Wegen erreicht worden, ist, nämlich bei den höchst entwickelten Weichtieren, den Tintenfischen, den höchsten Gliedertieren, den Krebsen und Insekten, und bei den Wirbeltieren. Schon ein flüchtiger Blick auf das in Abb. 29 dargestellte Auge eines Tintenfisches läßt erkennen, daß in dem fertigen Gebilde die Anordnung der Teile ganz ähnlich ist wie im Auge des Menschen. Ihre Bildung geht aber ganz andere Wege; man erkennt noch auf dem Bilde, daß

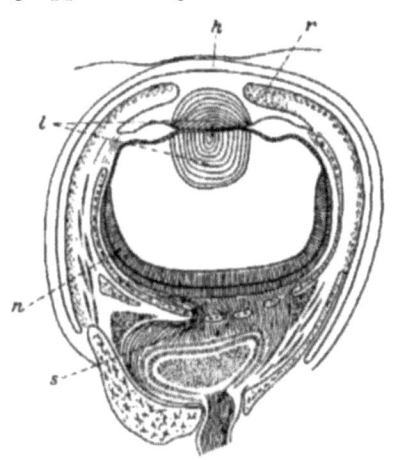

Abb. 29. Hochentwickeltes Auge eines Tintenfisches. *h* Hornhaut; *r* Regenbogenhaut; *l* Linse; *n* Netzhaut; *s* Sehnerv.

die Linse aus zwei Teilen besteht, von denen der hintere vom Augenbecher, der vordere von der Haut seinen Ursprung nimmt.

Grundsätzlich ganz anders gebaut ist das Auge der Gliederfüßer (Abb. 30). Es besteht nämlich aus zahlreichen Einzelaugen, die wir auf dem Durchschnitt als nach innen sich verschmälernde Keile dargestellt finden. Jeder hat seine eigene Netzhaut und einen lichtbrechenden Vorderteil. Jedes Einzelauge nimmt aber nur einen kleinen Ausschnitt des Gesamtgegenstandes wahr, und durch mosaikartige Zusammenfügung dieser Einzelbilder entsteht die Wahrnehmung des Gesamtgegenstandes.

Ganz besonders merkwürdig gestaltet sich die Entwicklung des Gehörsinnes, die ich etwas ausführlicher schildern will, um zu zeigen, auf wie verwickelten Umwegen die Natur gelegentlich ihr Ziel erreicht. Eigentliches Hören, d. h. die Wahrnehmung für die Unterschiede in der Schwingungszahl der Luftwellen, die wir als Töne bezeichnen, konnte sich naturgemäß erst bei den in der Luft lebenden Tieren entwickeln. Trotzdem hat die Natur für diesen Zweck nicht neue

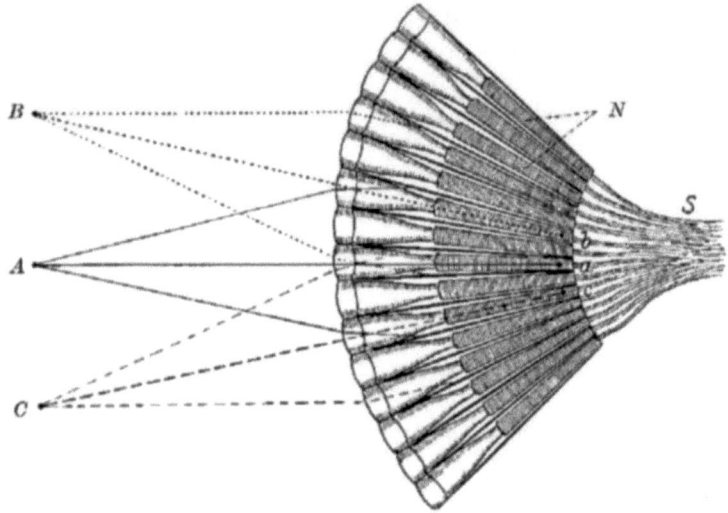

Abb. 30. Durchschnitt durch das Auge der Biene. Nur die senkrecht auf die Augenkeile fallenden Lichtstrahlen Aa, Bb, Cc werden wahrgenommen, die andern im vorderen Augenteil abgeblendet. N Netzhaut; S Sehnerv.

Apparate konstruiert, sondern schon vorhandene umgebaut. Betrachten wir einen größeren lebenden Fisch oder auch solche, wie sie unabgeschuppt zum Verkaufe ausliegen, so bemerken wir an den Seiten des Körpers eine meist durch ihre Farbe oder die Gestalt der Schuppen auffallende, vom Kopf bis zum Schwanz laufende Linie, die sogenannte Seitenlinie (Abb. 31). Genauere Untersuchung unter dem Mikroskop zeigt, daß sich an dieser Stelle unter den Schuppen eine mit Flüssigkeit gefüllte Röhre befindet, die durch Kanäle, welche die Schuppen durchbohren, mit dem äußeren Wasser in Verbindung steht (Abb. 32). Auf dem Grunde dieses Rohres liegen in regelmäßigen Abständen Polster von Sinnes-

Abb. 31. Weißfisch, Uckelei.
Man erkennt die in der Mitte des Rumpfes entlang laufende Seitenlinie.

zellen, die ganz ähnlich gebaut sind wie gewöhnliche Tastzellen. Bewegt sich in der Umgebung eines Fisches ein Gegenstand, etwa ein anderer Fisch, so muß er dabei das Wasser

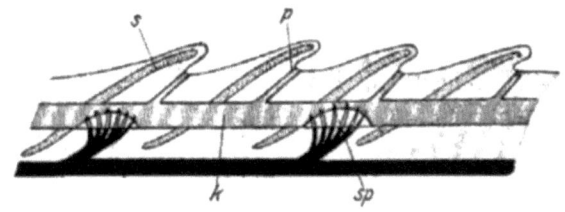

Abb. 32. Längsschnitt durch ein Stück der Seitenlinie eines Fisches.
k Seitenkanal; p Öffnungen; s Schuppen; sp Sinnespolster.

vor sich her drängen und in wellenförmige Bewegung setzen. Diese Wasserwellen treffen auf den Körper unseres Fisches auf, pflanzen sich durch die Kanäle in das innere Rohr fort und versetzen auch die innere Flüssigkeit in Schwingungen. Diese ihrerseits erschüttern die Sinnespolster und erzeugen dadurch Druckempfindung. Auf diese Art erhält also der Fisch Kunde von Bewegungen in seiner Umgebung. Von diesem Apparat spaltet sich schon sehr früh ein im Kopf gelegener Teil ab. Er senkt sich in die Tiefe und wächst zu einer mit Flüssigkeit gefüllten Blase aus. Aus dieser Blase sprossen drei halbkreisförmig gebogene Kanäle hervor, von denen der eine wagrecht liegt, die beiden anderen senkrecht stehen; der eine von vorn nach hinten gerichtet, der andere von rechts nach links. Alle sind mit Flüssigkeit erfüllt, die vollkommen von der Außenwelt abgeschlossen ist, und in ihrer Wand liegen die gleichen Sinnespolster wie in dem Kanal der Seitenlinie. — Stehen wir auf einer elektrischen Bahn und diese fährt an, so erhält unser Körper einen Ruck nach rückwärts, umgekehrt, wenn die Bahn bremst, sind wir in Gefahr, vorwärts zu fallen. Dies kommt daher, daß unser Körper eine gewisse Zeit braucht, bis er sich auf die Geschwindigkeit eines Fahrzeugs, das ihn ohne seine eigene Bewegung mitnimmt, eingestellt hat. Beginnt die Bewegung, so ist er zunächst bestrebt, in Ruhe zu bleiben, fällt daher zurück; hört sie plötzlich auf, so ist er bestrebt, sie fortzusetzen, fällt daher vorwärts. — Der Fisch ist die elektrische Bahn, das in den Bogengängen eingeschlossene Wasser der Mensch auf der Plattform. Beginnt der Fisch zu schwimmen, so bleibt das Wasser zurück und drückt nach rückwärts auf die Sinnespolster, hält er an, so drückt es umgekehrt nach vorwärts. Da die drei Gänge in den drei Richtungen des Raumes gelagert sind, so muß jede Bewegungsänderung des Tieres eine entsprechende Empfindung auslösen. Wir haben ein sehr empfindliches Organ zur Bestimmung der Körperhaltung und -bewegung gewonnen.

Ein genau so konstruiertes Gleichgewichtsorgan tragen auch wir Menschen in unserem Kopf, und zwar an derselben Stelle wie der Fisch, im inneren Ohre, während wir von der Seitenlinie keine Spur mehr besitzen (Abb. 33). Dafür hat sich aber bei uns etwas Neues entwickelt, das Gehörorgan. Beim Fisch ziehen dicht hinter dem Ohre die Kiemenspalten hin, jene früher erwähnten Verbindungen zwischen dem Vorderdarm und der äußeren Haut. Bei den in der Luft lebenden Wirbeltieren verschwinden sie, da diese ja nicht mehr durch Kiemen atmen, sondern durch Lungen. Die vorderste von ihnen aber bleibt erhalten, füllt sich mit Luft und wird zum Gehörgang. Ihr äußeres Ende wird durch eine dünne, leicht schwingende Haut verschlossen, das Trommelfell. Die Schall-

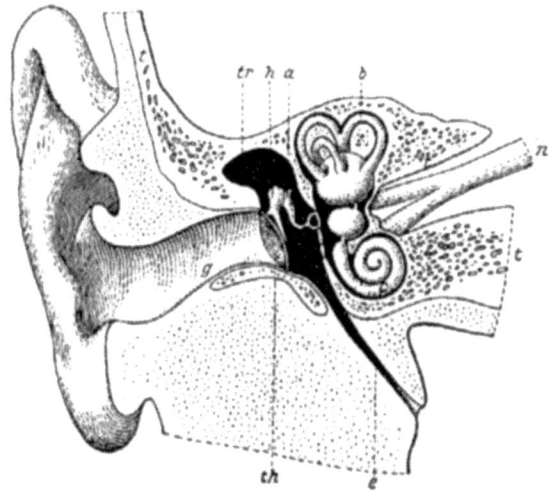

Abb. 33. Gehörorgan des Menschen. Die vorderste Kiemenspalte wird in ihrem äußeren Teil zum Gehörgang *g;* im mittleren zur Paukenhöhle *tr;* im inneren zur Eustachischen Röhre *e; th* Trommelfell. In der Paukenhöhle die Gehörknöchelchen, Hammer *h;* Amboß *a;* daran der Steigbügel; *b* die 3 Bogengänge des Gleichgewichtsorgans; *c* die Schnecke; *n* Gehörnerv; *t* Knochen des Schläfenbeins.

wellen der äußeren Luft berühren den Kopf, dringen in den Gehörgang ein und setzen das Trommelfell in Schwingungen. Diese Schwingungen pflanzen sich in den Luftraum des inneren Gehörgangs fort, die sogenannte Paukenhöhle. Diese ist rings von Knochen umschlossen, der nur an einer Stelle unterbrochen ist. An diese grenzt eine von dem Gleichgewichtsorgan abgezweigte, mit Flüssigkeit erfüllte Blase, aus der sich ein spiralig aufgewundener Kanal entwickelt hat, die Schnecke. In dieser finden wir wieder in regelmäßigen Reihen angeordnet die polsterartigen Tastzellen. Die vom Trommelfell weitergegebenen Luftschwingungen gelangen in die Paukenhöhle und erschüttern die dünne Stelle ihrer Wandung, das ovale Fenster. Diese Schwingungen teilen sich der Flüssigkeit der Schnecke mit, dadurch werden wieder die Sinneszellen erregt, und ihre Erregung kommt uns als Tonempfindung zum Bewußtsein. So entsteht also aus einem Organ zur Wahrnehmung von Wasserwellen auf dem Umwege über das Gleichgewichtsorgan ein Apparat zur Wahrnehmung von Schallwellen der Luft.

Damit aber noch nicht genug des Merkwürdigen. In unserem Ohr wird die Verbindung von Trommelfell und ovalem Fenster durch drei Knöchelchen hergestellt, die Gehörknöchelchen, Hammer, Amboß und Steigbügel. Der Hammer ist am Trommelfell festgewachsen, gerät durch dessen Schwingungen in Bewegung und überträgt diese durch den Amboß auf den am ovalen Fenster befestigten Steigbügel. Nun zeigt uns die Entwicklungsgeschichte, daß diesen drei Gehirnknöchelchen bei den Fischen drei Knochen entsprechen, die zur Befestigung der Kiefer am Schädel dienen. Bei den Reptilien löst der erste dieser Knochen seine Verbindung mit dem Kiefer, rückt in das innere Ohr und wird später zum Steigbügel; bei den Säugetieren folgen die beiden anderen nach und werden zum Hammer und Amboß. Das Gelenk zwischen Hammer und Amboß ist die Stelle, an der bei den niederen Wirbeltieren die Kaubewegungen des Unterkiefers ausgeführt werden. Die Abb. 34a, b und c machen diese Entwicklung anschaulich. So hat also das Gehörorgan in seiner Entwicklung nicht nur andere Sinnesorgane, sondern sogar Teile des Atmungsapparates und des Skeletts in seine Dienste hinübergeleitet.

Neben diesen Organsystemen, die durch Zusammenordnung der Zellen entstehen, welche die verschiedenen, für das Getriebe des einzelnen Lebewesens notwendigen Leistungen auszuführen haben, sammeln sich bei den höheren Tieren auch die Keimzellen an geeigneten Punkten an. So entstehen die Fortpflanzungsorgane. Während die Keimzellen beim Süßwasserpolypen noch verteilt in der äußeren Körperschicht

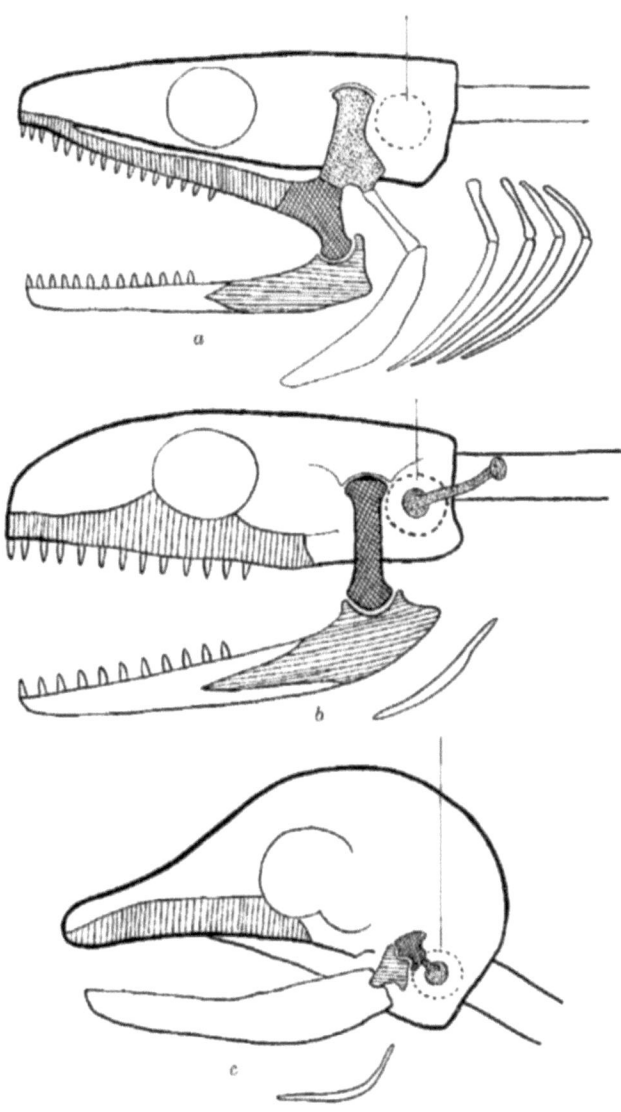

Abb. 34. Die Umgestaltung der Kiefergelenksknochen zu den Gehörknöchelchen. *a* Schädel eines Fisches; *b* eines Kriechtieres; *c* eines Säugetiers. Die quergestreiften Knochenstücke entsprechen dem Hammer, die gekreuzten dem Amboß, die punktierten dem Steigbügel.

lagen, rücken sie bei den höheren Tieren meist in den geschützten Innenraum des Körpers. Bei den niederen Würmern sind es noch einfache Zellhaufen, die ohne scharfe Abgrenzung im übrigen Körpergewebe liegen. Später umgeben sie sich mit bindegewebigen Hüllen und bilden so wohl abgegrenzte Organe, die Keimdrüsen. Bei den höheren Würmern finden wir noch eine größere Anzahl, die regelmäßig zu Paaren hintereinander gereiht sind (Abb. 35); bei den höheren Tiergruppen beschränken sie sich gewöhnlich auf ein Paar. Im Gegensatz zu den Pflanzen, die männliche und weibliche Organe meist auf derselben Pflanze oder sogar in der gleichen Blüte vereinigt enthalten, sind die Tiere vorwiegend getrennten Geschlechtes. Vereinigung von männlichen und weiblichen Keimdrüsen, Eierstöcken und Hoden, in demselben Tier finden wir eigentlich nur dort, wo entweder das Zusammentreffen der Geschlechter zur Paarung oder die Vereinigung der Keimzellen zur Befruchtung auf Schwierigkeiten stößt. Dieses ist bei vielen Schmarotzern der Fall, vor allen bei den in der Darmhöhle oder in den Geweben anderer Tiere lebenden Formen. Da hier die Möglichkeit, daß zwei geschlechtsreife Tiere sich begegnen, verhältnismäßig sehr gering ist, so bedeutet es für die Erhaltung der Art natürlich einen großen Vorteil, wenn sie sich dann gegenseitig befruchten können. In vielen solchen Fällen findet wahrscheinlich auch Selbstbefruchtung solcher zwittriger Tiere statt, wie bei den Bandwürmern, die im Darm sehr vieler Wirbeltiere leben. Sonst treffen wir Zwittertum noch bei festsitzenden oder langsam beweglichen Tieren, wie bei vielen unserer Landschnecken.

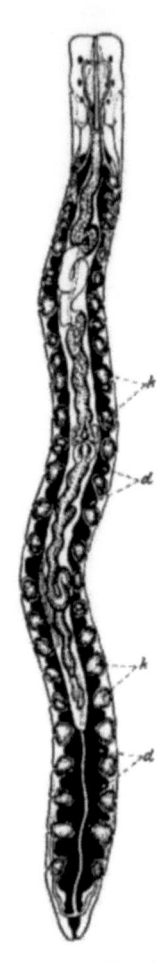

Abb. 35. Paarig angeordnete Keimdrüsen eines Schnurwurms. *d* Darmtaschen; *k* Keimdrüsen.

Aus den im Innern des Körpers gelegenen Keimdrüsen gelangen die Keimzellen meist durch besondere Ausführungsgänge ins Freie. Bei den meisten Wassertieren, besonders den im Meere lebenden, werden die reifen Fortpflanzungszellen einfach in das umgebende Wasser ausgestoßen und finden sich während des Umhertreibens in der Wasserströmung zusammen. Das ist besonders leicht möglich, wenn die Tiere in großen Mengen beieinander wohnen, wie etwa die Korallenpolypen, die Röhrenwürmer und Muscheln, oder sich zur Fortpflanzungszeit in Schwärmen zusammenfinden, wie die Quallen und Fische. Bei den Landtieren, wo dies Verfahren im allgemeinen nicht durchführbar ist, müssen sich die geschlechtsreifen Tiere aufsuchen, sich paaren. Entweder werden dann die aus dem Körper des Weibchens austretenden Eier sofort vom Männchen befruchtet, wie bei den Fröschen oder, der sicherste Weg, das Männchen überträgt bei der Begattung seine Samenzellen direkt in die weiblichen Fortpflanzungsorgane. Dies Verfahren bedingt bei den Männchen die Ausbildung besonderer Begattungsorgane, die entweder, wie bei vielen Würmern, Weichtieren, Insekten und Wirbeltieren, sich an der Ausmündungsstelle der männlichen Geschlechtsgänge entwickeln oder, wie bei Krebsen und Spinnen, aus umgewandelten Beinen entstehen. Beim weiblichen Geschlecht entwickeln sich entsprechende Taschen zur Aufnahme des männlichen Begattungsorganes und der Samenzellen meist im Endteil der Geschlechtswege. Bei dieser inneren Befruchtung erwächst die Möglichkeit, daß die Eier sich schon im Innern des mütterlichen Körpers entwickeln, wodurch sie natürlich vielen Gefahren entgehen, die sie sonst während der Larvenzeit bedrohen. So finden wir in einer ganzen Reihe von Tiergruppen, bei Würmern, Weichtieren, Gliedertieren und Wirbeltieren, den Übergang von eierlegenden zu lebend gebärenden Formen. Dann entsteht gewöhnlich in den Ausführgängen der Eierstöcke ein besonderer Abschnitt, in dem die Jungen heranwachsen und vielfach durch vom Muttertier ausgeschiedene Stoffe ernährt werden, die Gebärmutter.

Treten schon hierdurch zu den einfachen Keimdrüsen eine Reihe verschiedener Hilfsapparate, so werden zum Zusammenfinden der Geschlechter und zur Paarung noch eine Fülle von anderen Organen herangezogen. Vielfach sind die Sinnesorgane der Männchen besonders hoch entwickelt, um die Weibchen aufzuspüren. Bei vielen Insekten, vor allen Schmetterlingen und Käfern, kann man daher die Männchen leicht an den längeren und buschigeren Fühlern von den Weibchen unterscheiden (Abb. 36). Manchmal, wie bei vielen Eintagsfliegen, sind statt dessen die Augen der Männchen stärker entwickelt.

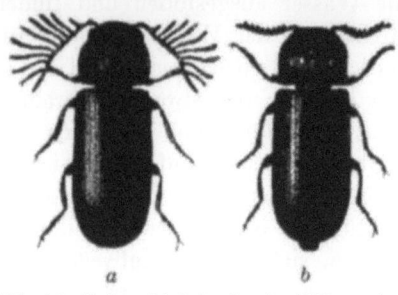

Abb. 36. Unterschied in der Ausbildung der Fühler bei Käfern. *a* Männchen; *b* Weibchen.

In vielen Fällen werden zur Anlockung des anderen Geschlechtes Duftstoffe entwickelt, entweder vom Männchen oder vom Weibchen. Dies ist bei vielen Insekten, besonders Schmetterlingen, der Fall (Abb. 37). Unter den Wirbeltieren spielt zu diesem Zwecke der Moschus eine große Rolle, der daher nicht ohne Grund auch beim Menschen als wohl ursprünglichstes „Parfüm" Verwendung gefunden hat. Andere Tiere wieder benutzen zur Anlockung Töne, die meist von den Männchen hervorgebracht werden, wie es jedermann vom Zirpen unserer Heuschrecken und Grillen

Abb. 37. Männlicher Schmetterling mit Duftpinseln an der Spitze des Hinterleibs.

(Abb. 38), vom Quaken der Frösche und vom Gesang der Vögel bekannt ist. Vielfach entstehen auch bei den Männchen eigene Einrichtungen, um die Weibchen zur Begattung einzufangen und festzuhalten. Bei unserem bekannten stattlichen Wasser-

Abb. 38. Zirpendes Männchen einer Laubheuschrecke.

Abb. 39. Pärchen des Gelbrandkäfers. Das Männchen hält sich mit den Saugscheiben der Vorderbeine an den rauhen Flügeldecken des Weibchens fest.

käfer, dem Gelbrand, trägt das Männchen am vorderen Beinpaar ein Paar mächtige Saugnäpfe, mit denen es sich an den Flügeldecken des Weibchens festheften kann (Abb. 39). Häufig bilden sich auch bei den Männchen allerhand Waffen heraus, mit denen sie um den Besitz der Weibchen Zweikämpfe ausfechten. Man braucht hierfür ja nur an die Geweihe unserer Hirsche oder die mächtigen Zangen der männlichen Hirschkäfer zu erinnern (Abb. 40). So wirkt auch der Dienst an der Erhaltung der Art in außerordentlich mannigfaltiger und tiefgreifender Weise auf die Ausgestaltung und Differenzierung des tierischen Körpers.

Abb. 40. Hirschkäfer, Männchen und Weibchen.

Werfen wir nun wieder von der Entwicklung der Lebewesen einen Blick hinüber auf die Ausgestaltung der menschlichen Gesellschaft. Wir sahen, wie schon in weit zurückliegender Zeit sich aus der Gleichartigkeit des urtümlichen menschlichen Lebens einzelne Spezialisten herausbildeten, die Ansätze zu den Berufen hervortraten. In dem Maße, wie der Volkskörper größer wird und seine Glieder in immer innigere Wechselbeziehungen treten, finden sich auch hier diese Spezialisten an geeigneten Stellen in größeren Mengen zu erhöhter Leistung zusammen, ein Vorgang, den wir durchaus mit der Organbildung in der Tierwelt vergleichen können. Sehr deutlich zeigt uns dies die Entwicklung der Städte, die in jedem höheren Kulturkreis zur gegebenen Zeit auftreten. An günstig gelegenen Stellen rücken die Wohnplätze der menschlichen Familien dicht zusammen. Dort, wo ein lebhafter Austausch unter den einzelnen stattfindet, wo also die Möglichkeit gegeben ist, spezielle Erzeugnisse an einen größeren Kreis abzusetzen, entwickeln sich besondere Berufszweige, die Handwerke. Sehr schön ist zu beobachten, wie mit dem Emporblühen der Städte sich in ihren Mauern die Berufsgenossen unter sich enger zusammenschließen. In wie vielen Städten gibt es heutzutage noch Schumachergassen, Fleischergassen, Töpfergassen, Goldschmiedegassen u. ä. als Erinnerung an die Zeit, wo dort die ehrsamen Meister der Zünfte nebeneinander hausten. Je höher entwickelt ein Handwerk ist, je verwickeltere Anforderungen es an die Ausbildung seiner Mitglieder stellt, um so mehr ist es auf die Stadt angewiesen. Auf dem freien Lande und in den Dörfern halten sich auf die Dauer nur die Handwerke, die überall und zu jeder Zeit gebraucht werden, die Zimmerleute, Maurer, Schmiede u. ä. In großartig gesteigertem Maße sehen wir den gleichen Entwicklungszug im Werdegang der neuzeitlichen Industrie. Ihre Werke erwachsen immer dort, wo geeignete Rohstoffe liegen oder wo sich besonders günstige Arbeits- und Absatzmöglichkeiten finden. Dort entsteht die Fabrik aus kleinen Anfängen; immer mehr wächst im Laufe der Jahre ihr Umfang, immer verwickelter wird ihr innerer Bau, immer zahlreicher die Hilfsapparate, die sie in ihren Dienst stellt. Wohl jeder hat etwas gehört von der Entwicklung des rheinisch-westfälischen Industriegebietes, das auf Kohle und Eisen steht und dem der Rhein mit seinen Nebenflüssen bequeme Zu- und Abfuhr bietet. In den letzten Jahrzehnten erleben wir die Entwicklung des mitteldeutschen Industriegebietes, dort, wo die Braunkohle als leicht und billig zu gewinnende Kraftquelle zutage tritt. Gerade hier kann man besonders schön beobachten, wie die immer vollkommenere Ausnutzung dieser Kraftquelle immer neue Entwicklungsmöglichkeiten und Arbeitszweige schafft; wie zur direkten Verarbeitung der Kohle zu Briketts sich die elektrische Fernleitung und die Ferngasversorgung gesellt, wie aus der Verarbeitung der Kohle und ihrer Produkte die Farbenindustrie mit ihrer unübersehbaren Fülle von Erzeugnissen sich entwickelt, wie sich an die Gewinnung des Stickstoffs aus der Luft die Erzeugung der Sprengstoffe und Düngemittel anschließt u. ä. m. So wachsen am Volkskörper an diesen bevorzugten Stellen immer vielgestaltigere und leistungsfähigere Organe hervor. Allmählich beginnt aber diese Organbildung auch in andere Gebiete hinüberzugreifen. Wir erleben es jetzt mit, wie auch die Landwirtschaft in dieser Art zu organbildender Arbeitsweise drängt. Je mehr die Möglichkeit steigt, die Erzeugnisse verschiedener Landesteile gegeneinander auszutauschen, desto mehr muß sich das Bestreben entwickeln, in den einzelnen Gegenden immer ausschließlicher die Produkte zu erzeugen, die dort besonders gut und reichlich gedeihen. Wir kennen schon aus früheren Zeiten solche Gegenden mit einseitig spezialisierter Produktion, besonders aus den Kolonialgebieten; man denke etwa an die Teegewinnung in Indien und China, die Reisausfuhr aus Hinterindien, den Kaffee- und Kakaobau in Brasilien, die Gewürzkulturen im malayischen Archipel u. ä. In unserer Heimat ist ein solches schon seit erheblicher Zeit spezialisiertes Gebiet der Weinbau an Rhein und Mosel, ein anderes mehr neuzeitliches die Kartoffel- und Zuckerrübengebiete der norddeutschen Tiefebene. Eine besonders hochgradige Spezialisierung stellt die holländische Blumen- und Gemüsezucht dar. In neuester Zeit nimmt die Spezialisierung immer mehr zu; erinnert sei etwa daran, wie in Ägypten und im Sudan der verfügbare fruchtbare Boden des Niltals in immer ausschließlicherer Weise für die Baumwollkultur beschlagnahmt wird. Ein ganz großartiges Ausmaß erreicht diese Spezialisierung jetzt in Nordamerika, wo weiträumige Bodenflächen von sehr mannigfaltiger Erzeugungsmöglichkeit mit sehr günstigen Austauschmöglichkeiten zusammentreffen. Dadurch haben sich im nördlichen Teil der Vereinigten Staaten und in Kanada die riesigen Getreidegebiete entwickelt, in denen es über Hunderte von Kilometern hin nichts anderes gibt als einheitliche und vollkommen gleichmäßig angelegte Weizenfelder, zwischen denen nur in großen Abständen die mit allen Mitteln moderner Maschinentechnik ausgerüsteten Farmhäuser liegen. Ähnlich haben wir südlich der großen Seen die Maisgebiete und in den Südstaaten die Baumwollkultur. Der klimatisch besonders begünstigte, durch Bewässerungsanlagen vergrößerte Bodenraum Kaliforniens bringt Früchte der verschiedensten Art in meilenweiten, in sich völlig gleichartigen Kulturabschnitten hervor. Alle so gewonnenen Erzeugnisse sind zum ganz überwiegenden Teil nur für die Ausfuhr bestimmt; sie werden mit den vollkommensten Methoden geerntet, verarbeitet und verpackt und verteilen sich von ihrer Erzeugungsstätte über das ganze Land. Wenn bei uns in Deutschland die Verhältnisse auch noch nicht so weit fortgeschritten sind, so bewegt sich die Entwicklung doch unverkennbar in der gleichen Richtung.

Organe anderer Art am Volkskörper sind die Stätten wissenschaftlicher und künstlerischer Tätigkeit, die Hochschulen der verschiedensten Arten. Hier schließen sich die für Lehrer- und Forschertätigkeit besonders Befähigten zu gemeinsamer Arbeit zusammen, und es entwickeln sich immer umfassendere und feiner gegliederte Gebilde. Wie das Auge des Wirbeltieres die einfachen Sehzellen eines niederen Wurmes überragt, so haben diese Sinnesorgane der Menschheit früher ungeahnte Leistungen ermöglicht, die uns ebenso die entferntesten Weltkörper nahegebracht, wie den feinsten Bau der Stoffteilchen erschlossen haben.

5. Die Herausbildung der Körperform.

Mit zunehmender Größe und steigender Differenzierung der Organe beginnt sich auch in der äußeren Gestalt des Körpers allmählich eine bestimmte Form herauszubilden. Der wenigzellige Organismus der einfachsten Tierformen weist noch keine äußerlich erkennbare Gliederung auf. Bei dem Kugeltierchen sagt schon der Name, daß seine Körperzellen alle das gleiche Verhältnis zur Umgebung haben. Das ist auch ohne weiteres verständlich, denn ein solches, sich langsam durch das Wasser drehendes Wesen wird ja auf allen Seiten in gleicher Weise von den Einflüssen der Umgebung getroffen, und es ist kein Grund einzusehen, warum irgendein Teil der Körperoberfläche sich gestaltlich besonders herausheben

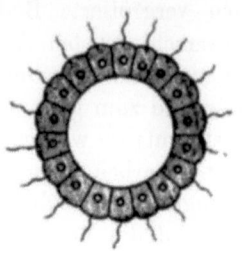

Abb. 41a. Schematischer Durchschnitt durch ein Kugeltierchen oder eine einschichtige Blastula-Larve.

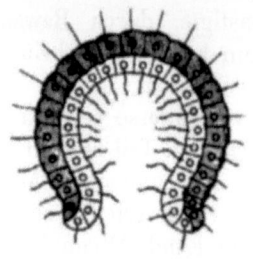

Abb. 41b. Schematischer Durchschnitt durch eine zweischichtige Gastrula-Larve mit Urmund.

Abb. 41c. Schematischer Durchschnitt durch ein Hohltier. Oben Längs-, unten Querschnitt.

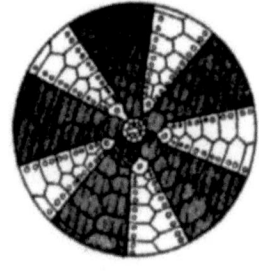

Abb. 41d. Schematische Ansicht eines Seeigels von oben. In der Mitte die Afteröffnung, von ihr ausgehend 5 geschlossene Doppelreihen von Panzerplatten und 5 durchbohrte zum Durchtritt der Füßchen.

sollte (Abb. 41 a—d). Sehr ähnlich liegen die Verhältnisse bei den bewimperten, frei im Wasser schwebenden Larven vieler höherer Meerestiere. Doch ist hier insofern ein Unterschied, als durch die Einstülpung zum zweischichtigen becherförmigen Keim ein besonders bevorzugter Bereich geschaffen wird, der Urmund, durch welchen die Nahrung in das Innere des Körpers gelangt. Dieser Urmund liegt bei den in Bewegung befindlichen Tieren gewöhnlich am hinteren Ende des Körpers; die Gestalt der Larven ist dann meist nicht mehr rein kugelförmig, sondern mehr oder weniger langgestreckt eiförmig. An solchen Formen können wir bereits eine Hauptachse des Körpers unterscheiden, welche den Urmund mit dem gegenüberliegenden, bei der Bewegung vorangehenden Ende verbindet. Dieses, der sogenannte Scheitelpol, ist häufig durch einen Schopf besonders langer Wimpern ausgezeichnet. Ähnlich einfach liegen die Dinge bei den niedersten festsitzenden Tieren, dem Süßwasserpolypen und seinen Verwandten, die wir gemeinsam als Hohltiere zu bezeichnen pflegen. Auch bei ihnen finden wir eine Hauptachse des Körpers, die von der nach oben gerichteten Mundöffnung zur Mitte der Fußscheibe zieht. Um diese sind alle übrigen Körperteile, wie die Fangarme und Darmtaschen, allseitig symmetrisch angeordnet. Wir können bei einem solchen Tier wohl vorn und hinten, aber noch nicht rechts und links oder Rücken und Bauch unterscheiden. Jeder Schnitt, der durch die Hauptachse vom Vorder- zum Hinterende geht, teilt das Tier in spiegelbildlich gleiche Hälften. Wir nennen solche Tierformen strahlig (radiär) symmetrisch. Diese Anordnung finden wir am reinsten bei den Hohltieren, ähnlich, wenn auch nicht genau durchgeführt, bei den langsam auf dem Meeresboden kriechenden Stachelhäutern, den Seeigeln und Seesternen. Diese einfachen Symmetrieverhältnisse ändern sich, wenn sich eine bestimmt gerichtete Ortsbewegung herausbildet. Diese finden wir zum ersten Male bei den kriechenden Würmern (Abb. 42). Das bei der Bewegung vorangehende Körperende begegnet zuerst den Einwirkungen der Umgebung, ihm wird daher hauptsächlich die Aufgabe zufallen, Sinnesreize aufzunehmen, welche die Richtung der Bewegung bestimmen und Kunde von der Annäherung von Feinden oder von Beute bringen. So entwickelt sich dort ein besonders differenzierter Körperabschnitt, der Kopf als Träger der Sinnesorgane. Natürlich wird dieses Körperende auch zunächst mit der Nahrung in Berührung kommen und dementsprechend die Mundöffnung enthalten. Der übrige Körper liegt dem Boden auf und flacht sich demgemäß ab. Man kann nunmehr eine meist etwas gewölbte und dunkler gefärbte Rückenseite von der flachen Bauchseite unterscheiden, die gewöhnlich hell gefärbt ist, da sie durch die Berührung mit dem Boden vom Licht abgesperrt ist. Ein derartiges Tier läßt sich nun nicht mehr durch verschiedene Schnitte in zwei spiegelbildlich symmetrische Hälften teilen, sondern nur noch durch einen einzigen, der vom Vorder- zum Hinterende senkrecht durch die Mittellinie des Körpers geht. Er teilt das Tier in zwei gleiche Hälften, eine rechte und eine linke. Derartig gebaute Tiere bezeichnen wir als zweiseitig (bilateral) symmetrisch. In diese Gruppe gehören fast alle höheren Tiere, wenn auch die Anordnung der inneren Organe nicht immer ganz genau in der rechten und linken Hälfte übereinstimmt. Es ist ja bekannt, daß beim Menschen das Herz durch die Mittellinie nicht genau symmetrisch geteilt wird, ebenso wie die beiden Lungen und die rechte und linke Leberhälfte nicht völlig übereinstimmen.

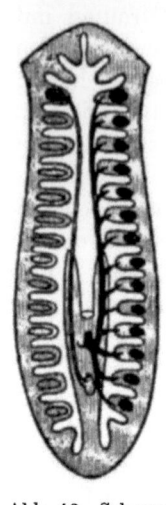

Abb. 42. Schematischer Längsschnitt durch einen Plattwurm. Zweiteilige Symmetrie, hintereinander gereiht die Darmtaschen (weiß) und Keimdrüsen (dunkel). Der Mund liegt hier noch in der Mitte des Körpers.

Bei diesen kriechenden Tieren muß sich nun der Körper in die Länge strecken, da er bei der Fortbewegung zuviel Widerstand finden würde, wenn seine Breite etwa gleich seiner Länge wäre. So bildet sich zuerst bei den Würmern eine stab- oder blattförmige Körpergestalt heraus. Das hinter dem Kopf gelegene Mittelstück bezeichnen wir dann als Rumpf, das sich allmählich verschmälernde, spitz zulaufende Schwanzende ist von ihm mehr oder weniger deutlich abgesetzt. Diese Änderung der Körperform beeinflußt nun sehr wesentlich die Lage der inneren Organe zueinander. Bei einem radiär symmetrischen Tiere erstrecken sich die Organe entweder in der Hauptachse durch die ganze Körperlänge, wie die Darmhöhle; diejenigen Organe, die mehrfach vorhanden sind, wie Fangarme und Darmtaschen, liegen dann im Kreise nebeneinander um diese Hauptachse angeordnet. Verschmälert sich der Körper als Folge des Kriechens, so bleibt dafür kein Platz, und diese Organe müssen sich in der Längsrichtung hintereinander anordnen. Wir finden sie dann gewöhnlich paarweise rechts und links symmetrisch in den beiden Körperhälften aufgereiht. Diese innere Gliederung des Körpers prägt sich dann allmählich auch äußerlich dadurch aus, daß an der Oberfläche ringförmige Einschnürungen auftreten, die den Körper in eine Reihe hintereinander gelegener Glieder (Segmente) teilen. Dies kann man sehr schön bei den höheren Würmern, den danach benannten Ringelwürmern beobachten, wie es jedermann von unserem Regenwurm her bekannt ist. Besonders deutlich ausgeprägt wird diese

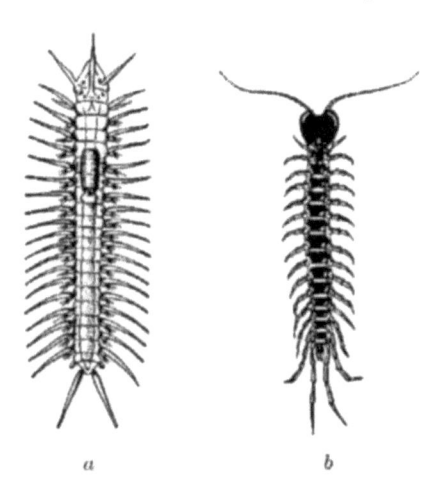

Abb. 43. *a* Ringelwurm des Meeres mit Ruderborsten; *b* Tausendfuß mit Beinen.

Gliederung, wenn sich der Körper mit einem festen Panzer überzieht. Dann bleibt an den Grenzen der Segmente die Haut weich, um eine Bewegung der einzelnen Panzerringe gegeneinander zu ermöglichen, und wir erhalten das Bild, wie es jedem von einem Tausendfuß, einem Krebs oder einer Raupe geläufig ist (Abb. 43a u. 43b).

Die langsam kriechenden oder schwimmenden Würmer erreichen ihre Fortbewegung durch abwechselndes Zusammenziehen oder Ausdehnen der Längs- und Ringmuskeln ihres Hautmuskelschlauches. Wenn an die Schnelligkeit der Bewegung größere Ansprüche gestellt werden, so bilden sich dazu neue Hilfsmittel heraus, die Gliedmaßen. Sie entwickeln sich an den Seiten des Körpers als hintereinander gelegene Reihen von Stäben oder Platten. Bei den schwimmenden Ringelwürmern des Meeres entstehen so zahlreiche Paare von Ruderplättchen, bei den Landtieren gegliederte Stäbe, die

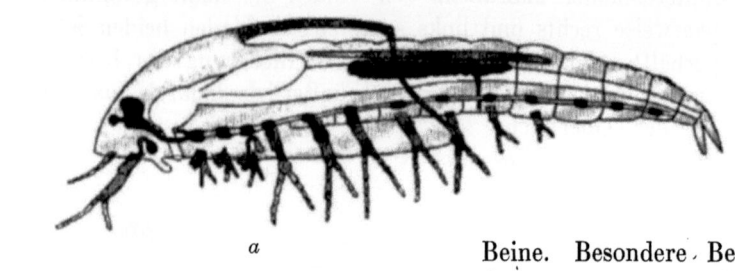

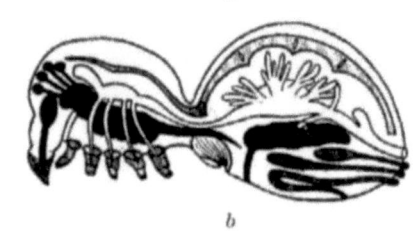

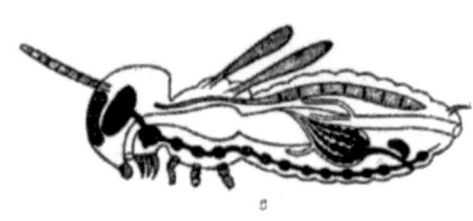

Abb. 44. Schematische Längsschnitte. *a* durch einen Krebs; *b* durch eine Spinne; *c* durch ein Insekt.

Beine. Besondere Bedeutung gewinnen die Gliedmaßen für die Fortbewegung auf festem Boden. Dadurch, daß die Beine winklig geknickt auf den Boden gestützt werden, wird die Bauchseite von der Unterlage abgehoben. Das vermindert natürlich außerordentlich die Reibung an der Unterlage, denn jetzt ruht der Körper nur auf den Spitzen der Beine, die bei der Bewegung aufgehoben und durch die Luft geführt werden können. So entsteht aus dem Kriechen der Würmer zunächst das Laufen der Gliederfüßer. Ein einfaches Tier dieser Art, etwa ein Tausendfuß oder ein niederer Krebs, wie eine Kellerassel, zeigt noch eine große Anzahl unter sich gleicher, verhältnismäßig kurzer und schwacher Beine, die vom Kopfbis zum Schwanzende paarig an jedem Segment sitzen. Bald greift aber die Differenzierung auch auf dieses neue Organsystem über. Einzelne Gruppen von Beinen werden länger und kräftiger und übernehmen vorwiegend oder allein die Fortbewegung (Abb. 44a—c). So hat beispielsweise unser Flußkrebs nur noch 5 Paare von Gangbeinen, die Spinnentiere 4 Paare und die Insekten 3 Paare. Diese sich länger und kräftiger ausbildenden Hebelapparate erfordern nun wieder stärkere Widerlager am Rumpf. Wir sehen entsprechend, wie die beintragenden Segmente mit ihren Panzerringen zu einer festen Kapsel verschmelzen, die als Stützpunkt für die kräftigen Beinmuskeln dienen kann. So stellt sich der feste einheitliche Brustabschnitt dem weicheren gegliederten Hinterleib gegenüber. Das Kopfstück kann sich entweder von der Brust beweglich absetzen, wie bei den Insekten, oder mit ihr zu einem einheitlichen Kopfbruststück verschmelzen, wie bei den meisten Krebsen und Spinnentieren. Die von der Laufarbeit ausgeschlossenen Beinpaare bilden sich entweder vollständig zurück, wie am Hinterleib der erwachsenen Insekten, oder sie übernehmen andere Aufgaben. So treten sie am Kopfende in den Dienst der Nahrungsaufnahme und bilden als sogenannte Mundbeine die mannigfach gestalteten Kiefer, Saugrüssel und Stechapparate. Die vordersten Paare werden als Fühler zu Trägern von Tast- und Geruchsorganen. Bei den Krebsen erhalten sich die Beine auch vielfach am Hinterleib. Sie werden dann entweder zu Schwimmplatten oder werden als Begattungsapparate oder Eierträger in den Dienst der Fortpflanzung gestellt.

Nach dem gleichen Prinzip wie bei den Gliederfüßern entwickeln auch die Wirbeltiere paarige Gliedmaßen, doch kommen sie dort niemals allen Segmenten zu, sondern beschränken sich auf je ein Paar Vorder- und Hinterbeine. Ihre Größe und Ausbildung ist bekanntlich je nach der Fortbewegungsart sehr verschieden; bei den Fischen bilden sie die breiten Fächer der Brust- und Bauchflossen; bei den Landtieren die gegliederten Stäbe der Beine (Abb. 45a—e). Wie im übrigen Körper, entsteht auch in ihnen ein knöchernes Innenskelett, das im Oberschenkel einfach, im Unterschenkel paarig und in der Stützfläche des Fußes meist fünfstrahlig ist. Je schneller die Bewegung wird, desto länger werden die

a

b

c

d

e

Abb. 45 a—e. Entwicklung der Gliedmaßen bei den Wirbeltieren vom Schwimmen bis zum aufrechten Gang.
a Fisch; *b* Feuersalamander; *c* Eidechse; *d* Hund; *e* Pferd.

Abb. 46a. Fledermaus. Entwicklung von Flugorganen.

Abb. 46c. Insekt. Entwicklung von Flugorganen.

Abb. 46b. Vogel. Entwicklung von Flugorganen.

Beine, desto steiler erheben sie sich vom Boden, und desto schmäler wird ihre Berührungsfläche mit dem Untergrund. Die besten Läufer, die Huftiere, ruhen schließlich nur noch auf der von harter Hornschale umgebenen Spitze einer oder zweier Zehen. Die Wirbeltiere haben es schließlich auch erreicht, ihre Vorderbeine einer ganz neuen Bewegungsart anzupassen und sie als Luftruder zum Fliegen zu verwenden. Die andere fliegende Tiergruppe, die Insekten, haben zum gleichen Zweck neben den Beinen besondere Hautfalten aus dem Rückenpanzer gebildet, während die Fledermäuse und andere Flattertiere dazu eine Flughaut verwenden, die sich zwischen Vorder- und Hinterbeinen, manchmal auch von diesen bis zum Schwanze ausspannt (Abb. 46 a—c).

6. Die Bilanz der Arbeitsteilung.

Hoffentlich ist dir, lieber Leser, diese Wanderung durch die Formenfülle des Tierreichs nicht zu mühsam und beschwerlich geworden. Ganz einfach ist die Wissenschaft nun einmal nicht und so bequem und verständlich man es dir auch machen möchte, ohne eigene ernsthafte Mitarbeit läßt sich wirkliches Verständnis nicht gewinnen. Was ich dir hier geben konnte, waren nur die großen Richtlinien, willst du wirklich dauernden Gewinn von deiner Mühe haben, so kann ich dir nur *einen* Rat geben: Sieh dir die Tiere, die dir begegnen, genau an, achte auf ihren Körperbau und den Gebrauch, den sie von ihren Organen machen. Wenn sich dein Blick für diese Betrachtungsweise erst einmal geschärft hat, so wirst du in allen Lebewesen hundert- und tausendfältige Variationen über das gleiche Thema sehen: Leistungssteigerung durch Arbeitsteilung. Jede neue Aufgabe, die an den Stamm der Lebewesen herantritt, schafft im Laufe der Zeiten neue Organe zu ihrer Lösung; der Organismus ruht gleichsam nicht eher, als bis er sich restlos mit den Ansprüchen, die an ihn gestellt werden, auseinandergesetzt hat. Wir drücken dies wohl auch so aus: Das Tier paßt sich seiner

Umgebung an. Das ist in der Tat die Erscheinung, die bei sorgfältiger Betrachtung besonders in die Augen fällt: in allen Zügen seines Baues und seines Benehmens steht das Tier in völliger Harmonie mit den Einwirkungen und Ansprüchen, die von seiner Umgebung ausgehen. Es ist gerüstet, Hitze und Kälte, Trockenheit und Nässe zu überstehen, es vermag sich im Wasser, auf festem Boden oder in der Luft jeweils mit den zweckmäßigsten Organen zu bewegen, es kann seine Nahrung aufspüren und sich ihrer bemächtigen, sich seinen Feinden entziehen oder sie bekämpfen, immer, indem es die passenden Organe entwickelt und sein Benehmen zweckentsprechend einzurichten sich gewöhnt.

Aber die Umgebung selbst bleibt sich nicht immer gleich; wenn auch langsam, so doch ausgiebig ändern sich die Lebensbedingungen auf allen Punkten der Erde im Laufe der Jahrtausende und Jahrmillionen; auf heiße Perioden folgen kalte, auf wüstenhaft trockene tropisch feuchte, Gebirge werden abgetragen und Täler ausgefüllt, ganze Länder versinken im Meere, andere steigen empor. Immer muß der Organismus gerüstet sein, diesen Veränderungen durch Änderung seines Körpers und seiner Leistungen zu entsprechen, wenn er nicht dem Untergang verfallen will. Das Leben ist ein fortgesetzter Kampf, nicht nur mit irgendwelchen selbst lebendigen Feinden, sondern viel mehr noch mit all den Bedrohungen und Anforderungen, mit denen die unbelebte Natur dem Lebendigen entgegentritt. Aber die Erkenntnis, die der griechische Weise Heraklit vor mehr als 2000 Jahren bei seinem Nachsinnen über die Entwicklung des menschlichen Geschlechtes fand: „Der Kampf ist der Vater alles Fortschritts", gilt auch hier. Jeder neue Anspruch weckt neue Leistung, und jede neue Fähigkeit erweitert den Spielraum, neuen Ansprüchen zu begegnen. So erobert sich das Leben, vom Wasser ausgehend, das feste Land, endlich sogar das Luftmeer; mit steigender Beweglichkeit wandern die Tiere über alle Teile der Erdrinde und lernen mit immer neuen Verhältnissen sich abzufinden. Jede neue Nahrungsart erzeugt Mittel zu ihrer Gewinnung und Verarbeitung, jeder neue Feind schafft neue Schutz- und Verteidigungswerkzeuge. Immer mannigfaltiger, immer feiner verflochten spannt sich das Netz der Lebewesen über den Erdball.

Jedes der Lebewesen, die uns heute umgeben, trägt die Züge dieser Entwicklung für das geschärfte Auge deutlich sichtbar an sich. Wir sehen an ihm einerseits die Merkmale seiner speziellen Lebensweise: Die Art seiner Zähne läßt seine Ernährungsweise erkennen, die Gestalt seiner Beine, seine Bewegung, die Ausbildung seiner Sinnesorgane zeigt, welche Art von Reizen für sein Leben vor allen wichtig sind. Ein Vogel läßt in seinem ganzen Körperbau, nicht nur in den Flügeln, erkennen, daß er für das Leben in der Luft gebaut ist; einem Maulwurf sieht man es nicht nur an den Grabschaufeln der Vorderbeine an, daß er die Erde durchwühlt, sondern auch an der spitzen Schnauze, den kleinen, verborgen liegenden Augen, dem dichten samtigen Pelz. Daneben haben aber große Tiergruppen, die unter sehr verschiedenen äußeren Bedingungen leben, gewisse Grundzüge in ihrem Körperbau gemeinsam. Der Karpfen in unserem Teich, die Eidechse an der sonnigen Mauer, das Pferd vor dem Wagen, und die Schwalbe, die unter unserem Dachgiebel nistet, sind gewiß sehr verschieden gestaltete und unterschiedlich lebende Geschöpfe. Und doch finden wir in ihrem Körperbau gemeinsame Grundzüge: ähnlich ist das Knochengerüst, das dem Körper Halt und Festigkeit verleiht, ähnlich die Anordnung und der feinere Bau der Muskeln, ähnlich die Teile des Darmes, ähnlich der Bau der Augen u. v. a. Gleiche Grundzüge zeigen untereinander der Flußkrebs in unseren Bächen und die Kellerassel in ihrem dunklen Verließ mit der Raupe auf unserem Kohl, der Libelle, die über den sommerlichen Teich hinschießt und mit dem unter Steinen versteckten Tausendfuß. Dies läßt sich nur so verstehen: In der Entwicklung der Tierwelt ist die Erfüllung neuer Ansprüche keineswegs immer in der gleichen Weise erreicht worden. Es ist dieselbe Geschichte wie in der Entwicklung der menschlichen Technik. Um einen Wagen zu ziehen, kann ich Pferde davorspannen, ich kann dazu aber auch eine mit Dampf getriebene Lokomotive verwenden oder eine elektrisch betriebene Zugmaschine. Um Wasser heiß zu machen, kann ich Holzfeuer verwenden, ich kann dazu auch Steinkohle nehmen, aber auch Gas oder den elektrischen Strom; ich könnte dafür auch die Sonnenstrahlen durch einen Brennspiegel einfangen. Ehe der Mensch die Dampfmaschine erfand, mußte er für seine Arbeitsmaschinen allerhand Hebel, Rollen und Flaschenzüge verwenden. Die neue Antriebskraft rief für die gleichen Leistungen den Bau ganz neuer Apparate hervor, die das gleiche Ziel auf einem ganz neuen Wege erreichten. Waren sie leistungsfähiger, so verdrängten sie die alten und ließen sie nur da bestehen, wo sie ebenso praktisch und zweckmäßig waren, wie das neue Verfahren. Dann kam die elektrische Arbeitskraft, und der Mensch erfand zu ihrer Ausnutzung wieder die mannigfaltigsten Maschinen, die mit den vorhandenen in Wettbewerb traten. Wir können heute den gleichen Zweck also auf ganz verschiedenen Wegen erreichen, und jedes Verfahren hat seine Vorteile und seine Schattenseiten.

Aber das Bessere ist immer der Feind des Guten. Jede vollkommenere neue Maschine verdrängt die weniger leistungsfähigere. Wer kennt heute in den großen Städten noch die Petroleumlampe, die unseren Großeltern als der Gipfel der Vollkommenheit erschien? Aber auf dem Lande, wo Gas und elektrische Beleuchtung noch nicht hingedrungen sind, behauptet sie sich noch mit Ehren. Der Amerikaner bearbeitet seine riesigen Weizenfelder mit mächtigen Dampfpflügen, der deutsche Bauer geht fast überall noch hinter der stählernen Pflugschar, und der Neger Afrikas lockert den Boden für sein Hirsefeld noch mit dem hakenförmig gebogenen zugespitzten Baumast.

Gehst du in ein Museum der Technik, vielleicht in das wundervolle Deutsche Museum in München, so kannst du für jeden einzelnen Arbeitszweig die Entwicklung seiner Werkzeuge an dir vorüberziehen lassen. Vom feuergehöhlten Einbaum des Pfahlbauers bis zum Ozean-Riesendampfer, von der Postkutsche bis zum Verkehrsflugzeug, von Gutenbergs Handdruckpresse bis zur Rotationsdruckmaschine, vom roh gegerbten Tierfell und der groben Leinenweberei bis zur Kunstseide, von der räucherigen Werkstatt des goldsuchenden Alchemisten bis zum modernen Fabriklaboratorium. Die uns umgebende Tierwelt ist ein solches lebendes Museum der Erfindungen und Entdeckungen der Lebewesen, in dem die altmodischen meist nur in einfachen Verhältnissen ein bescheidenes und zurückgezogenes Leben führen, während die fortgeschrittenen und modernen die erste Rolle spielen und überall auffallen.

Es wird, denke ich, dir nun hinreichend klar geworden sein, wie aus dem Einzeller der Zellenstaat geworden ist, wie die Leistungssteigerung durch Arbeitsteilung in Anpassung an die jeweiligen Ansprüche der Umgebung all die zunächst verwirrende Fülle der verschiedengestaltigen Lebewesen hat hervorwachsen lassen. Versuchen wir nun einmal gleichsam die Bilanz des Unternehmens zu ziehen, fragen wir uns: welche Vorteile, aber vielleicht auch welche Nachteile hat diese Entwicklung mit sich gebracht?

Daß für den Gesamtorganismus damit ein ungeheurer Vorteil erreicht ist, wird dir ohne weiteres klar sein; alle Ausführungen der vorhergehenden Seiten haben das ja deutlich hervortreten lassen. Ein Wechseltierchen und ein hoch entwickeltes Säugetier sind in ihren Leistungen so verschieden, daß wir eigentlich gar keinen Maßstab mehr haben, um sie miteinander zu vergleichen. Wir können aber nun vielleicht uns noch etwas klarer werden über die Wege, auf denen diese Leistungssteigerung erreicht wird.

Wenn ich in einer Fabrik tausend Arbeiter anstelle, die alle das gleiche Erzeugnis herzustellen haben, so bringen sie natürlich mehr fertig, als nur ein einziger. Genau so geht es im vielzelligen Organismus. Mit der Vermehrung der Zellenzahl stehen für jede Leistung immer mehr Arbeitskräfte zur Verfügung, und der Gesamtertrag muß entsprechend steigen. Der einfachste Weg ist also offenbar, die Zahl der Arbeitskräfte immer weiter zu vermehren. Die praktische Durchführung dieses Verfahrens stellt aber das Tier vor eine keineswegs einfache Aufgabe.

Betrachten wir einen Eichbaum in unserem Wald. Um sich zu ernähren und wachsen zu können, muß er einmal aus der Luft Kohlensäure aufnehmen, andererseits Wasser und gelöste Mineralstoffe aus dem Boden. Das eine tut er mit seinen grünen Blättern, das andere mit den Wurzeln. Je größer er wird und je mehr Nährstoffe er braucht, desto mehr Blätter erzeugt er an der Krone seiner Äste und Zweige, und desto weiter schiebt er das Geflecht seiner Wurzeln durch den Erdboden. Er vermehrt also die Zahl seiner arbeitenden Zellen einfach dadurch, daß er immer außen anbaut und seine Ernährungsorgane so anordnet, daß sie möglichst nach allen Seiten frei in die Umgebung hineinragen. So bequem hat es das Tier nicht. Denn es will sich ja bewegen, und das kann es nur, wenn seine Körperoberfläche einigermaßen glatt und abgerundet ist, damit es bei der Ortsveränderung nicht auf allzu großen Widerstand trifft. Es bleibt ihm also nichts anderes übrig, als seine Organe anstatt nach außen, nach innen wachsen zu lassen und sie dort unter der glatten Oberfläche möglichst zweckmäßig nebeneinander unterzubringen. Darum schafft es sich z. B. für seine Ernährung einen Darm, d. h. einen inneren Hohlraum, in den es die Nahrung stückweise hineinbefördert und durch dessen Wände es die gelösten Stoffe aufnimmt. Wie hilft es sich nun aber, um auf dieser Innenfläche des Darmes möglichst viele Verdauungszellen unterzubringen?

Schneiden wir den Leib eines Säugetieres auf, so sehen wir, daß der Darm nicht etwa als ein gerades Rohr vom Mund zum After zieht, sondern daß er in der Bauchhöhle in zahlreiche Schlingen gelegt ist. Dadurch kann er natürlich sehr viel länger werden, als man dem Tier von außen ansieht. Bei einem erwachsenen Menschen hat der Dünndarm etwa eine Länge von 6 m, bei einer Kuh von ungefähr 3o m. Damit ist schon eine ganze Menge gewonnen, aber noch lange nicht genug. Schlitzen wir nun ein Stück des Darmes der Länge nach auf, breiten es aus und betrachten uns die Innenfläche. Sie erscheint nicht glatt wie die Außenwand, sondern zeigt ein eigentümlich samtartiges Aussehen. Das Vergrößerungsglas enthüllt uns, woher das kommt. Wir sehen die Innenfläche von zahlreichen fingerförmigen Fortsätzen, den Darmzotten, besetzt, die in den Innenraum vorspringen (Abb. 47). Das Innere der Zotten ist von Bindegewebe erfüllt, in dem ein dichtes Netz von Blut- und Lymphgefäßen verläuft.

Auf der Außenfläche sitzen dichtgedrängt die Verdauungszellen.

Wenn wir ein langes Stück Zeug oder Papier haben und wir wollen es auf einen möglichst kleinen Raum unterbringen, so falten wir es zusammen. Genau so hat das Tier die Innenwand seines Darmes zusammengefaltet. Zwischen diesen einzelnen Falten muß sich der Nahrungsbrei hindurchdrängen, und alle Zellen der Oberfläche können so an der Verdauung und Aufsaugung mitarbeiten. Würden wir uns alle diese Fal-

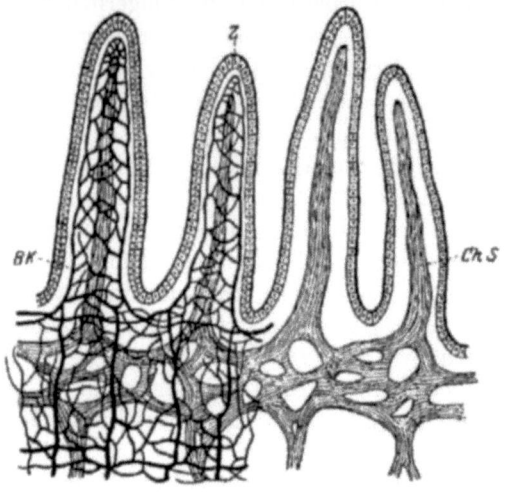

Abb. 47. Zotten der menschlichen Dünndarmwand. *Z* Verdauungszellen, *BK* Blutgefäße, *ChS* Lymphgefäße.

ten gleichsam ausgebügelt und ihre Oberfläche nebeneinander ausgebreitet denken, so würde eine um das Vielfache größere Fläche entstehen, als sie die glatte Außenwand besitzt. Eine Berechnung hat gezeigt, daß durch die Zottenbildung die Innenfläche des Darmes etwa auf das 70fache vergrößert wird.

Wenn du einmal auf die Bedeutung dieses Verfahrens aufmerksam geworden bist, wirst du es an allen möglichen Stellen des Tierkörpers durchgeführt sehen. Betrachte die Kiemen eines Fisches, die als eine lange Reihe von Fransen am

Kiemenbogen sitzen, so hast du genau das Gleiche. Oder schneide die Lunge eines Wirbeltieres auf (Abb. 48); da findest du nicht etwa einen hohlen Sack, der ganz mit Luft erfüllt ist, sondern eine Unmasse kleinster Kammern und Bläschen. In den Wänden dieser Kammern verlaufen die Blutgefäße, die den eingeatmeten Sauerstoff aufzunehmen haben, und wenn du alle diese Kammerwände nebeneinander ausbreiten könntest, so würdest du wieder eine Fläche von vielen Quadratmetern erhalten.

Beim Süßwasserpolypen, unserem alten Freund, lagen die Muskelfasern, wie wir gesehen haben, in einer Reihe nebeneinander ausgebreitet innen und außen auf der Stützlamelle. Betrachten wir die Körperwand einer Seerose, eines stattlicheren Verwandten unseres Tieres, das du vielleicht schon einmal in einem Seewasseraquarium gesehen hast, so hat sich das Bild geändert. Die Stützlamelle hat sich gefaltet, wie ein hübsch gekräuselter Volant an einem Sommerkleid, und alle diese Falten sind dicht belegt mit Muskelfibrillen (Abb. 49). Kein Wunder, daß ein solches Tier sich mit viel größerer Kraft zusammenziehen kann als unsere Hydra. Lösen sich diese Falten von ihrer Ursprungsstelle los, so erhalten wir Bündel von Muskelfasern, die dichtgedrängt unter der Haut nebeneinander liegen. So sieht es etwa im Hautmuskelschlauch unseres Regenwurmes aus. Jedes solcher Bündel kann sich nun wieder in sich weiter falten und so lassen sich mehr und mehr Muskelfasern auf engstem Raum nebeneinander unterbringen.

Abb. 48. Lunge einer Eidechsenart (Varanus).

Alle diese Beispiele zeigen, wie durch einfache Vermehrung der Zellenzahl die Leistung gesteigert werden kann. Die Frage ist nun: Kann das unbegrenzt so weitergehen? Dann müßten ja die Tiere um so leistungsfähiger werden, je mehr sie an Größe zunehmen. Bis zu einem gewissen Grade trifft das auch zu. Aber die Sache hat auch ihre Grenzen. Denn je größer sie werden, desto schwerer werden sie. Der Körper braucht ein festes Gerüst, und Knochen sind bekanntlich schwer. Du hast vielleicht einmal etwas von den Riesentieren der Vorzeit gehört, den Dinosauriern oder Schreckensechsen. Das waren ungeheure Tiere, die bis zu 30 m lang und 8 m hoch wurden. Wir kennen von ihnen im wesentlichen nur das Knochengerüst, aber wenn wir uns die Muskeln vorstellen,

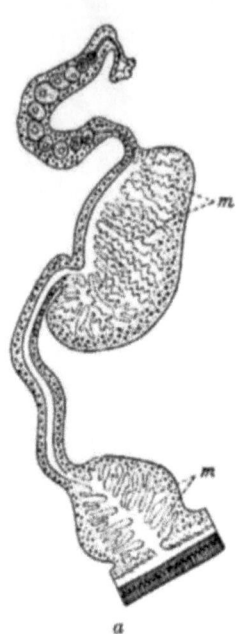
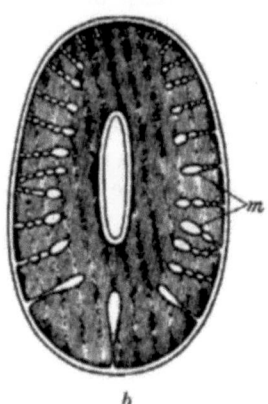

Abb. 49. Vermehrung der Muskelfibrillen durch Faltung bei Korallentieren. *a* die Stützlamelle ist gefaltet, *b* die Falten schnüren sich ab und bilden Muskelbündel.

die es in Bewegung setzten, so müssen diese Tiere wandelnde Fleischberge gewesen sein, unter deren Tritt die Erde zitterte. Diese Riesenformen sind seit vielen Millionen von Jahren ausgestorben, und die Gelehrten haben sich vielfach den Kopf darüber zerbrochen, warum sie dieses Schicksal ereilt hat. Sicherlich ist ihre übermäßige Größe dabei mit Schuld gewesen. Denn sie müssen allmählich so unbehilflich geworden sein, daß kleinere und beweglichere Tiere trotz ihrer Riesenkräfte mit ihnen fertig werden konnten. Dabei sind die Wirbeltiere immer noch diejenigen Formen, welche sich am besten eine erhebliche Größe leisten können. Stelle dir mal einen Maikäfer vor, der so groß wäre wie ein Nilpferd; du wirst sofort das Gefühl haben, daß das nicht geht. Der schwere Panzer würde das Tier zu Boden drücken und von Fliegen könnte keine Rede mehr sein. Du siehst daraus, daß das innere Knochengerüst der Wirbeltiere in dieser Hinsicht eine bedeutend zweckmäßigere Erfindung war als der Panzer der Gliederfüßer und bekommst zugleich eine Erklärung dafür, warum alle Insekten verhältnismäßig kleine Tiere sind. Immerhin gibt es auch heute noch Tierformen, die sich mit den Schreckensechsen der Vorzeit an Größe messen können, die Walfische. Die haben es aber sehr viel bequemer, denn sie leben im Wasser, und das trägt durch seinen Auftrieb den größten Teil ihres Gewichtes.

Wenn also der Vermehrung der Zellenzahl eine Grenze gesetzt ist, so bleibt doch noch ein zweiter Weg des Fortschritts, daß nämlich die Leistung der einzelnen Zelle durch Anpassung an eine bestimmte Arbeit immer höher gesteigert wird. Daß dieses Verfahren in ausgiebiger Weise Verwendung findet, haben wir schon an zahlreichen Beispielen gesehen. Aber auch hier gibt es eine Grenze, denn jede Einzelzelle kann mit der beschränkten Masse ihres Protoplasmas trotz der feinsten Differenzierung nicht über eine gewisse Leistungshöhe hinauskommen. Eine Drüsenzelle kann ihr Plasma fast ganz in Drüsenstoff umwandeln, sie kann auch diesen Stoff durch chemische Umwandlung besonders stark wirksam machen. Ebenso kann sich eine Muskelzelle fast ganz mit Fibrillen füllen, so daß das einfache Plasma nur als dünne Zwischenschicht zwischen den Bewegungsapparaten übrigbleibt. Sie kann auch die Fibrillen immer arbeitsfähiger machen, so daß sie sich außerordentlich schnell und kräftig zusammenziehen können. Die sogenannten quergestreiften Muskelfasern des Menschen können sich bis zu 80 mal in der Sekunde zusammenziehen, die einer Fliege oder Biene sogar bis zu 200 mal. Auch eine Sinneszelle kann sich so fein ausbilden, daß alle ihre Teile nur auf die Aufnahme von Licht oder Druck oder chemischen Reizen eingestellt sind. Aber wenn das geschehen ist, so bleibt keine Möglichkeit zu weiterer Steigerung übrig.

Hier sehen wir nun auch deutlich die Kehrseite der Medaille. Je feiner eine Zelle für eine bestimmte Aufgabe spezialisiert wird, desto mehr muß sie ihre anderen Leistungen einschränken. Denn mit einer gewissen Menge Lebensstoff läßt sich nur eine bestimmte Menge Arbeit leisten. Was auf der einen Seite zugelegt wird, muß auf der anderen eingespart werden. Es ist wie bei den Menschen: Wer das Schlosserhandwerk gelernt hat, kann nicht gleichzeitig ein vollkommener Zimmermann sein, ein Ingenieur nicht zugleich Rechtsgelehrter. Je schwieriger ein Beruf ist, je spezieller die Ausbildung dazu sein muß, desto einseitiger muß der Mensch werden und ebenso die Zelle. Wir sahen schon früher, wie die Körperzellen die Fortpflanzung aufgaben, um Arbeit zu sparen. Später verzichten sie auch auf selbständige Bewegung. Sie gelangen bei der Entwicklung an ihren vorbestimmten Platz; dort entfalten sie ihre besonderen Leistungen und bleiben an der gleichen Stelle, bis sie zugrunde gehen. Ebenso geht es mit den Sinnesreizen. Eine Muskelzelle kann nicht mehr sehen, hören oder riechen, sie nimmt nur noch die Reize auf, die sie zu ihrer besonderen Lebensleistung braucht. Eins müssen natürlich alle Zellen behalten, die Fähigkeit, Nahrungsstoffe aufzunehmen und zu verarbeiten, denn sonst könnten sie nicht leben. Wir werden aber bald sehen, daß ihnen auch das im Körperverbande ganz besonders einfach und bequem gemacht wird.

Die Folge davon ist, daß solche Körperzellen eines höher differenzierten Lebewesens nur noch unter ganz besonderen Bedingungen, eben im Verbande ihrer Arbeitsgenossen leben können. Ein Wechseltierchen kann und muß alles selber schaffen, was zum Leben notwendig ist. Eine Körperzelle ist auf die Erzeugnisse der Arbeit ihrer Kameraden angewiesen. Löst man sie aus dem Zellverbande heraus, so ist sie in den allermeisten Fällen unfähig, allein zu existieren, sie geht rettungslos zugrunde. Genau wie der moderne Kulturmensch. Wenn einer von uns wie Robinson einsam und ohne Hilfsmittel auf einer Insel ausgesetzt würde und sich seinen Lebensunterhalt mit seiner Hände Werk selbst schaffen müßte, so würde er eine recht traurige Rolle spielen. In unzähligen Dingen des täglichen Lebens ist jeder einzelne von uns von der spezialisierten Arbeit seiner Mitmenschen abhängig, unlösbar sind wir alle in dieses Netz der Arbeitsteilung verstrickt; jeder Versuch, uns wirklich und völlig „selbständig" zu machen, würde uns in hoffnungslose Schwierigkeiten stürzen.

Was also der Gesamtorganismus der Tiere oder der Kulturverband des Menschenstaates an Leistungsfähigkeit des Verbandes gewinnt, muß er unweigerlich mit der Einseitigkeit und Abhängigkeit der Einzelbürger bezahlen. Für die menschliche Kulturentwicklung liegt hierin ein besonders schwieriges Problem. Wie oft hören wir heutzutage in Büchern und Zeitungen darüber klagen, daß der Mensch seine wahre Menschenwürde verliert, daß er herabgewürdigt wird zur Maschine, nur wie ein kleines Rad im großen Getriebe mitläuft, ohne Bewegungsfreiheit und Selbstbestimmung. Und doch liegt gerade hier ein wichtiger Unterschied zwischen Zellen- und Menschenstaat. Beide steigern ihre Leistung durch Ausbildung immer vollkommenerer Werkzeuge. Während aber das Tier diese Werkzeuge aus seinem eigenen Leibe durch Spezialisierung seiner einzelnen Zellen bilden muß, kann der Mensch dazu die Stoffe seiner Umgebung benutzen. Immer mehr kann er seine eigene körperliche Arbeit auf die von ihm erfundenen Werkzeuge und Maschinen abwälzen. Früher gab fortgesetzte schwere und einseitige körperliche Arbeit den Menschen vieler Berufe auch äußerlich das Gepräge. Jetzt genügen in steigendem Maße einfache Handgriffe an den Hebeln der Maschinen, um mit geringster körperlicher Leistung weit vollkommenere Ergebnisse zu erzielen. Geh einmal in die Zentrale eines elektrischen Fernkraftwerkes und sieh dir an, wie dort in hellen, sauberen, luftigen Räumen wenige Menschen mit ein paar Griffen Tausende und Hunderttausende von Pferdekräften in Bewegung setzen und überwachen — du wirst ein eindrucksvolles Bild bekommen, wie sich die Arbeit vom Körper der Menschen zu lösen beginnt.

Gleichzeitig siehst du auch, wie der Vervollkommnung der Arbeitsleistung im Menschenstaat die engen Grenzen genommen sind. Der Zellenstaat kann nur das erreichen, was die Arbeitskraft seiner lebenden Bürger bei höchster Ausnutzung hergibt. Den Menschen hindert nichts, die ungeheuren Stoff- und Kraftvorräte der Erde immer vollständiger zu seinen Werkzeugen umzugestalten. Dadurch wird sein Körper wohl in absehbarer Zeit — mag sie auch noch Jahrhunderte dauern — von grober Arbeit fast ganz entlastet werden, wie wir das in phantasievollen Zukunftsromanen lesen.

Aber damit ist die Frage nur verschoben; denn was beim Tiere der Körper, das muß beim Menschen jetzt der Geist leisten. Je mehr der Schatz des Wissens und Könnens im Menschengeschlecht anwächst, desto schwieriger wird seine Aneignung und Beherrschung für den Einzelnen. Immer länger und schwerer wird die Berufsausbildung, immer mehr stöhnt der Erwachsene darüber, daß ihm neben der spezialisierten Berufsarbeit keine Zeit und Kraft mehr bleibt, in Wahrheit Mensch zu sein. Je höher die Spezialleistung, desto gefährlicher droht die Verkümmerung der allgemeinen geistigen Kräfte und Interessen. Auch wir müssen also unsern vielgerühmten Fortschritt teuer genug bezahlen.

7. Die Zentralisation im Zellverband.

Wenn wir uns jetzt über die Entstehung des Zellverbandes klar geworden sind, so haben wir damit doch erst die eine der Fragen geklärt, die wir uns am Anfang gestellt hatten. Aus dem einfachen Individuum, der Einzelzelle, ist der Zellenstaat geworden. Wie wird nun aber wiederum diese Gemeinschaft vieler Zellen zu einer neuen Einheit, einem Individuum höherer Ordnung? Wer sichert das planmäßige Zusammenarbeiten der einzelnen Spezialisten, wer sorgt dafür, daß jeder der Einzelbürger des Staates zu seinem Rechte kommt und welche Stelle leitet den gesamten Betrieb?

Es ist leicht einzusehen, daß zur Vereinheitlichung der Tätigkeit des Verbandes zunächst einmal eins erforderlich ist, daß nämlich die einzelnen Zellen in ständiger Verbindung miteinander gehalten werden. Es ist nötig, daß im Gesamtverbande Stoffe hin und her wandern können, die von den einzelnen Gliedern des Verbandes aufgenommen oder erzeugt und an die anderen zur Weiterverarbeitung fortgeleitet werden. Außerdem müssen aber auch durch den ganzen Zellenstaat Arbeitsantriebe in Gestalt von Reizen geleitet werden, die jede Zellgruppe veranlassen, zur richtigen Zeit und in der richtigen Weise ihre Schuldigkeit zu tun. Für diese beiden Aufgaben haben sich die höheren Tiere zwei besondere Organsysteme geschaffen, das Blut und die Nerven.

Die Entwicklung des Blutes knüpft zunächst an die Verteilung der Nährstoffe im Körper an. Sobald einmal nicht mehr alle Zellen ihre Nahrung direkt von außen beziehen, wird es notwendig, die Nährstoffe von ihrer Aufnahmestelle, dem Darm, den übrigen Zellen zuzuleiten. Bei niederen Tieren geht das noch sehr einfach. Beim Süßwasserpolypen ist die innere verdauende Zellschicht, das Entoderm, von dem nach außen gekehrten Ektoderm nur durch die dünne und für Flüssigkeiten durchlässige Stützlamelle getrennt. Hier können also die Nahrungsstoffe direkt von der Innen- zur Außenschicht durchtreten, diffundieren. Bei manchen Verwandten unserer Hydra wird der Körper wesentlich größer, und aus der dünnen Stützlamelle wird eine dicke Gallertschicht, die äußere und innere Zellage weit voneinander trennt. So ist es zum Beispiel bei den Quallen, die jeder kennt, der einmal zur Sommerfrische an der See war (Abb. 50a u. b). Bei ihnen entsteht eine besondere Röhrenleitung zur Verteilung der Nährstoffe. Von der Mundöffnung kommen wir zunächst in den Zentralmagen, in dem die eigentliche Verdauungsarbeit geleistet wird. Von ihm aus durchziehen eine Anzahl Kanäle den scheibenförmigen Körper bis zum Rande. Dort münden sie alle in einen den ganzen Rand umziehenden Ringkanal. Die Zellen dieser Kanäle sind mit Geißeln ausgestattet und können so die verflüssigten Nährstoffe durch alle Teile des Körpers treiben. Ähnlich machen es die Korallen, bei denen vom Zentralmagen aus eine Reihe von Taschen nach allen Seiten ausstrahlen. Der Darm muß also bei diesen Tieren zwei Aufgaben zugleich erfüllen: die Nahrung verdauen und sie dem übrigen Körper zuführen. Der gleichen Technik bedienen sich auch noch die niederen Würmer. Bei einem

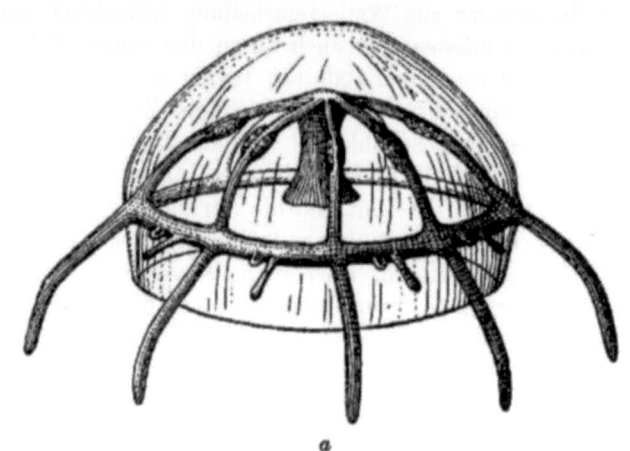

Abb. 50. Verteilung der Nährstoffe durch Verzweigung des Darmes. *a* bei einer Qualle, *b* bei einem Plattwurm.

Plattwurm hat sich zwischen Ektoderm und Entoderm bereits eine dritte mittlere Schicht entwickelt, das Mesoderm, das hauptsächlich aus Muskeln und Bindegewebsfasern besteht. Durch diese Schicht zieht sich der Darm mit zahlreichen Seitenzweigen, die sich ihrerseits noch wieder gabeln und verästeln können. Bei den Bewegungen des Tieres wird durch die Zusammenziehung der Muskelfasern die Ernährungsflüssigkeit in diesen Darmästen hin und her getrieben und gelangt so in alle Körperteile.

Die höheren Tieren haben nun eine neue Erfindung gemacht, die entschieden zweckmäßiger ist. Sie schaffen sich zwischen Darm und Körperwand einen besonderen Hohlraum. Der Wissenschaftler nennt diesen die ursprüngliche (primäre) Leibeshöhle. Jetzt können die Nahrungsstoffe aus der Darmwand in diesen mit Flüssigkeit gefüllten Hohlraum übertreten und in ihm weitergeleitet werden. Zunächst ist dieser Raum sehr weit, wie es dir das Bild von der Larve eines Ringelwurms zeigt (Abb. 51). Bald beginnt er sich aber zu verengern dadurch, daß mehr und mehr Organe aus der äußeren und inneren Körperschicht sich in ihn hineinschieben. Vollständig verschwindet er aber niemals, sondern es bleiben stets röhren- und spaltenförmige Hohlräume über, und diese nennen wir dann die Blutgefäße.

So erhalten wir ein neues Röhrenwerk, das die Speisen von der Zentralküche an alle Einzelbewohner verteilt. Das hat den großen Vorteil, daß nun nicht mehr der ganze Darminhalt bewegt zu werden braucht, sondern nur die wirklichen Nährstoffe durch die Darmwand abfiltriert werden. Die Schlacken bleiben zurück und werden von Zeit zu Zeit durch den After entfernt.

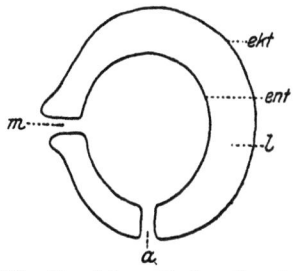

Abb. 51. Schematischer Durchschnitt durch die Larve eines Ringelwurms (vgl. auch Abb. 10 e). *m* Mund; *a* After; *ekt* Ektoderm; *ent* Entoderm; *l* primäre Leibeshöhle.

Bei einem Ringelwurm sieht der ganze Apparat noch sehr einfach aus (Abb. 52). In jedem Körperring geht ein Kanal um den Darm herum; diese Ringgefäße sind dann untereinander durch Längsstämme verbunden. Die stärksten von diesen sind je ein in der Mittellinie des Körpers verlaufendes Rücken- und Bauchgefäß. Von dieser Hauptleitung gehen dann nach Bedarf kleinere Seitengefäße in die Körperwand zu den Muskeln und Hautzellen.

Diese Einrichtung ist nun noch stark verbesserungsfähig, und in der Tat hat die Tierwelt noch eine Reihe von Erfindungen zu ihrer Vervollkommnung gemacht. Die einfachen Röhren werden zu Pumpwerken ausgestaltet, die durch eigenen Antrieb die Nahrung im Körper verteilen. Das geht sehr leicht; es ist nur nötig, von den Muskeln der Körpermasse einige Bündel abzugliedern und sie ringförmig um die Röhren anzuordnen. Dann können sich die „Blutgefäße" selbständig zusammenziehen. Dabei erweist es sich als zweckmäßig, den Antrieb nicht gleichmäßig zu machen, sondern eine Hauptpumpstation einzurichten, die besonders kräftige Muskelmaschinen erhält. So entsteht das „Herz". Je nach Bedarf und Einrichtung des Gesamtkörpers kann es an den verschiedensten Stellen zur Ausbildung kommen. Die Gliederfüßer bauen dazu das Rückengefäß aus. Wenn du dir einmal eine größere unbehaarte Raupe, eines Ligusterschwärmers etwa, betrachtest, so siehst du in der Mitte des Rückens durch die Haut einen dunklen Längsstreifen durchschimmern, der sich in regelmäßigem Wechsel ausdehnt und verengt. Das ist der langgestreckte Herzschlauch, und seine Zusammenziehungen sind der Pulsschlag, den du hier also unmittelbar mit dem Auge verfolgen kannst. Wenn du dir einmal die Mühe machst, die einzelnen Herzschläge zu zählen, so wirst du sehen, daß sie nicht, wie beim Menschen, recht gleichmäßig sind, sondern stark schwanken. Bei einer Raupe, die in der prallen Sonne sitzt, sind sie schnell, 80—90 in der Minute, bei trübem Wetter langsamer und in der Nacht am trägsten, manchmal nur 10—20 in der Minute. Es ist also offenbar die Wärme, die darauf einen großen Einfluß hat. Auf unserer Abb. 44 kannst du diesen Herzschlauch bei den verschiedenen Formen der Gliedertiere dargestellt finden.

Abb. 52. Vorderes Ende des Gefäßsystems eines Ringelwurms. Hell Rückengefäß, dunkel Bauchgefäß. Die Pfeile zeigen die Richtung des Blutstroms an. Etwas unter der Mitte eine verdickte Querschlinge, die hier als Herz wirkt.

Bei den Wirbeltieren entwickelt sich umgekehrt das Bauchgefäß zum Herzen, aber nicht in seiner ganzen Länge, sondern nur im vorderen Brustabschnitt. Bei ihnen treffen wir also einen kurzen, dafür aber sehr muskelkräftigen Herzschlauch. Gelegentlich können sich Herzen aber auch an ganz anderen Stellen herausbilden. Beim Regenwurm ist es eine Reihe der Ringgefäße um den Darm im vorderen Körperende. Manche Insekten, z. B. die große Wasserwanze unserer Teiche, der sogenannte Wasserskorpion, haben neben dem Rückenherzen noch besondere Beinherzen, die das Blut in die Gliedmaßen pumpen. Die Tintenfische haben rechts und links ein eigenes Kiemenherz zur Durchblutung der Kiemenanhänge.

Wer ein Fahrrad besitzt, weiß, was ein Ventil ist. Wenn ich den Luftschlauch des Rades aufpumpen will (Abb. 53), so drücke ich den Kolben der Luftpumpe herunter und presse dadurch die Luft in den Reifen hinein. Ziehe ich ihn wieder zurück, so kann aber die Luft nicht wieder heraus, denn am Eingang in den Schlauch sitzt eine Klappe, die sich zwar nach innen aufdrücken läßt, sich aber sogleich wieder schließt, wenn der Druck von außen aufhört. Umgekehrt ist an der Außenfläche des Kolbens ein Ventil, das Luft einströmen läßt, wenn der Kolben zurückgeht, sich aber schließt, wenn ich ihn wieder herunterdrücke. Die Luft kann also in meiner Luftpumpe sich immer nur in einer bestimmten Richtung bewegen. Die gleiche Klappenvorrichtung finden wir

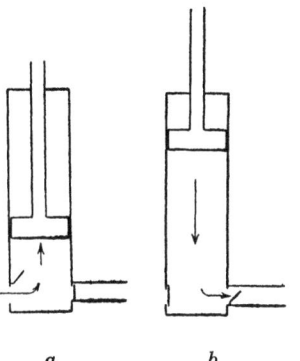

Abb. 53. Schema einer Luftpumpe. *a* der Kolben wird gehoben, Luft angesaugt, *b* der Kolben wird heruntergedrückt, Luft ausgepreßt.

auch an den Blutgefäßen. Das Herz unserer Raupe besteht aus einer Reihe von sackförmigen Erweiterungen, je eine in jedem Segment (Abb. 54). Jeder Sack verschmälert sich am Vorderende und ragt trichterförmig in den davorliegenden Abschnitt hinein. Zieht sich eine solche „Kammer" zusammen, so kann das Blut wohl durch den Trichter in die davorliegende Kammer, aber nicht in die dahinterliegende, denn deren Trichter wird von allen Seiten durch das darauf drückende Blut zusammengepreßt. Indem sich nun die Kammern in regelmäßiger Reihenfolge von hinten nach vorn zusammenziehen, wird das Blut durch den ganzen Schlauch hindurchgepreßt, bis es am Vorderende in den Körper ausströmt. An den Seiten jeder Kammer befinden sich zwei andere Ventile, die sich öffnen, wenn die Kammer sich ausdehnt. Sie lassen dann das aus dem Körper zurückkehrende Blut wieder in das Herz einströmen, entsprechen also dem Einlaßventil an der Außenwand der Luftpumpe.

Durch diese einfache Einrichtung wird erreicht, daß das Blut im Körper einen regelmäßigen „Kreislauf" beschreibt. Seine Bahn ist ihm dabei mehr oder weniger genau vorgeschrieben. Unsere Raupe hat ein sogenanntes „offenes" Gefäßsystem. Das Herz pumpt das Blut vorn in den Körper hinein, dann gelangt es aber in größere Lückenräume zwischen den einzelnen Organen und bewegt sich in ihnen ohne bestimmte Bahn hin und her, bis es schließlich durch die Seitenventile ins Herz zurückkehrt. Die Wirbeltiere, also auch wir Menschen, haben dagegen ein „geschlossenes" Gefäßsystem. Aus dem Herzen wird das Blut in die Schlagadern, Arterien, getrieben, die es zunächst im Körper verteilen. Wir erkennen sie daran, daß wir in ihnen noch deutlich den Puls, d. h. die Schlagwelle der Herzpumpe fühlen können. Jeder kennt die Stelle am Handgelenk, wo der Doktor dem Kranken „den Puls fühlt". Es gibt aber an unserem Körper noch eine ganze Anzahl solcher Stellen, wo die Schlagadern so oberflächlich liegen, daß man sie von außen fühlen kann, z. B. an der Schläfe dicht vor dem Ohransatz. Im allgemeinen liegen die Schlagadern aber tief im Körper verborgen, und das hat seinen guten Grund. Denn wird ein solches Gefäß verletzt, so spritzt unter dem Druck des Herzens der Lebenssaft in starkem Strahl heraus, und wenn nicht schnell Hilfe kommt, so „verblutet" der Mensch.

Je weiter sich diese Schlagadern vom Herzen entfernen, desto mehr verästeln sie sich in immer feinere Gefäße, bis

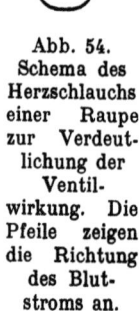

Abb. 54. Schema des Herzschlauchs einer Raupe zur Verdeutlichung der Ventilwirkung. Die Pfeile zeigen die Richtung des Blutstroms an.

sie endlich in winzig enge Spalten zwischen den Geweben übergehen, die Haargefäße. In ihnen strömt das Blut ganz langsam und dort werden die Nahrungsstoffe von den Gewebszellen aufgenommen. Aus diesen Haargefäßen sammelt sich dann das Blut wieder in größere Stämme, die Blutadern oder Venen, durch die es zum Herzen zurückgeleitet wird. Der Rückstrom erfolgt dadurch, daß das Herz bei seiner Ausdehnung das Blut ansaugt. Denn da das Blut aus den Schlagadern infolge der Ventile nicht wieder zurück kann, so entsteht in der sich erweiternden Herzkammer ein leerer Raum, in den das Blut von der allein zugänglichen Stelle, den Blutadern, hineinströmen muß. Unser Herz ist also gleichzeitig eine Saug- und eine Druckpumpe.

Sehen wir uns nun noch einmal etwas genauer an, was eigentlich in der Zentralküche unseres Körpers geschieht bei dem, was wir „Verdauung" zu nennen pflegen. Es wird dir bekannt sein, daß man die Tiere nach der Art ihrer Ernährung einteilen kann in Fleischfresser oder Raubtiere, Pflanzenfresser und Allesfresser. Zur dritten Gruppe gehören wir Menschen, da wir pflanzliche und tierische Nahrung in gleicher Weise verarbeiten können. Wie verschieden aber auch die Nahrung im einzelnen sein mag, eins ist allen Tieren gemeinsam: sie brauchen „organische" Nahrung, d. h. solche Nährstoffe, die bereits im Körper eines anderen Lebewesens hergestellt worden sind. Tierisches Leben kann also nur auf Kosten anderen Lebens sich erhalten. Es wäre verloren, wenn nicht die grünen Pflanzen die Kunst verständen, ihr Leben auch mit „anorganischer" Nahrung zu erhalten. Ein Baum in unserem Walde senkt seine Wurzeln weit in das feuchte Erdreich und entzieht ihm durch feinste Saugwürzelchen Wasser und darin aufgelöste Mineralstoffe. Unter diesen spielt die wichtigste Rolle der Stickstoff, daneben Kalium, Natrium, Magnesium, Eisen, Phosphor und Schwefel. Sicher hast du einmal davon gehört, was rationelle Düngung für den modernen Landwirt bedeutet: die Zufuhr der richtigen Mineralstoffe zur rechten Zeit und in der zweckmäßigsten Verteilung. Millionen von Kilogrammen an Stickstoffverbindungen werden durch die chemische Industrie jetzt durch die Gewinnung des

Stickstoffs aus der Luft hergestellt und jedes Jahr in unseren Ackerboden gestreut, um die Stoffe zu ersetzen, die die Pflanzen ihm entzogen haben und die wir zu unserem Leben und zur Ernährung unserer Nutztiere verwenden.

Mit ihren Wurzeln allein kann aber die Pflanze nicht auskommen. Denn sie liefern ihr nicht den wichtigsten aller chemischen Grundstoffe, der in jeder organischen Verbindung enthalten ist, den Kohlenstoff. Den gewinnt sie mit ihren Blättern. Sie nimmt mit diesen das in der Luft enthaltene Kohlensäuregas auf und macht daraus durch die Kraft des Sonnenlichtes den Kohlenstoff frei. Diesen Kohlenstoff vereinigt sie nun in den chemischen Laboratorien ihrer Blattzellen mit anderen chemischen Grundstoffen, hauptsächlich mit Wasserstoff und Sauerstoff und stellt daraus die Grundbausteine ihres lebenden Körpers her. Jede dieser Verbindungen ist dadurch ausgezeichnet, daß sie eine große Zahl kleinster Einheiten, Atome, wie der Chemiker sagt, dieser Grundstoffe jeweils in einer bestimmten Zusammenfügung enthält. Kohlenstoff, Wasserstoff und Sauerstoff bilden so eine Anzahl Verbindungen, die man die Kohlehydrate nennt. Zu ihnen gehören hauptsächlich die verschiedenen Zuckerarten, ferner die Stärke, die den Hauptbestandteil unserer Kartoffeln und der Samenkörner der Getreidearten bildet, endlich stellt sie daraus auch den Zellstoff, die Zellulose, her, welche die Wand der Pflanzenzellen bildet. In anderer Zusammenfügung ergeben die gleichen drei Grundstoffe die Gruppe der Fette und Öle, wie sie im Pflanzenreich besonders in vielen Samen: Nüssen, Bucheckern, Raps, Oliven vorkommen. Wird zu diesen drei Grundelementen noch der Stickstoff hinzugenommen, so entstehen die Eiweißkörper. Sie haben den verwickeltsten Bau, enthalten häufig noch Phosphor und Schwefel und sind die wichtigsten aller organischen Verbindungen, denn sie bilden in erster Linie den Lebensgrundstoff, das Protoplasma.

Frißt nun ein Tier eine Pflanze, etwa eine Kuh das Gras auf der Weide, so kommen also in ihren Darm Mengen solcher organischer Verbindungen. Daraus soll sie ihre eigene Körpermasse aufbauen. Einfach als fertiges Material übernehmen kann sie sie nicht, denn ein Tier ist etwas anderes als eine Pflanze, und diese Verschiedenheit beruht letzten Endes auf dem Unterschied im Aufbau ihrer organischen Verbindungen, vor allem ihrer Eiweißkörper. Ganz in die Grundstoffe zerlegen darf sie die Nahrung aber auch nicht, denn wie wir eben gesehen haben, kann nur die Pflanze aus diesen einfachsten Bausteinen organische Verbindungen herstellen. Aus dieser Verlegenheit hilft sich das Tier durch einen sehr geschickten Kunstgriff. Es erzeugt eigentümliche Stoffe, welche die Fähigkeit haben, die organischen Verbindungen zu zersetzen. Sie zerschlagen sie aber nicht grob in Stücke, sondern sie nehmen sie gleichsam ganz vorsichtig auseinander, Schritt für Schritt. Dabei hüten sie sich aber, die ersten und einfachsten Klammern, mit denen die Pflanze bei ihrer Aufbauarbeit die Grundstoffe zusammengefügt hat, zu lösen. So zerfällt langsam die organische Verbindung in immer kleinere Bruchstücke, bis endlich gewisse Grundbausteine übrigbleiben, die nicht weiter angegriffen und zerlegt werden. Das Tier verfährt also etwa so, wie die Arbeiter, die ein Haus abreißen. Sie schlagen nicht alles kurz und klein, sondern lösen die Ziegelsteine aus ihren Mörtelfugen, die Fensterrahmen und Balken aus ihren Lagern und bewahren sie auf, denn sie können sie ja wieder verwenden, um ein neues Haus damit zu bauen.

Die merkwürdigen Stoffe, die das Tier zu dieser Arbeit benutzt, nennen wir Fermente oder Enzyme. Sie haben eine Anzahl sehr seltsamer Eigenschaften, durch die sie dem Forscher auch noch heute manche Rätsel aufgeben. Eine ganz geringe Menge eines solchen Enzyms genügt, um große Massen von Nährstoffen zu zerlegen. Dabei greift aber nicht jedes Enzym beliebige Nahrungsstoffe an, sondern jedes einzelne hat seine Spezialität. Ein Enzym, das Stärke angreift, läßt Eiweiß völlig unberührt. Ja, um die Stärke bis zu den Grundbausteinen zu zerlegen, sind mehrere Fermente nötig, denn jedes kann nur ganz bestimmte Klammern lösen und kann nur wirken, wenn ihm ein anderes bis zum richtigen Punkte vorgearbeitet hat. Die Zerlegung der Nahrungsstoffe ist also eine recht verwickelte Sache. Das Fleisch, das wir essen, das vorwiegend aus Eiweißstoffen besteht, kommt zuerst im Magen unter die

Einwirkung des Pepsins. Dies beginnt die Auflösung des Eiweiß und gibt seine Erzeugnisse weiter in den Dünndarm. Dort wirkt zunächst das Trypsin, das aus der Bauchspeicheldrüse stammt, und den Beschluß macht das Erepsin, das die Dünndarmwand selbst herstellt. Es ist gerade umgekehrt wie in einer modernen Fabrik, wo auf dem „laufenden Band" die Einzelteile angerollt kommen und von den Arbeitern nach und nach zusammengesetzt werden.

Die Gesamtarbeit, die alle diese Fermente gemeinsam leisten, nennen wir die Verdauung. Ihr Ergebnis ist, daß alle organische Nahrung in gewisse Grundbausteine zerlegt wird. Je nach dem Ausgangsmaterial sind diese natürlich verschieden. Aus den Kohlehydraten entstehen einfachste Zucker, aus den Fetten Glyzerin und Fettsäuren, aus den Eiweißkörpern eine Reihe von Verbindungen, die der Chemiker als Aminosäuren bezeichnet. Aus diesen Bausteinen stellt nun das Tier seine eigene Körpersubstanz her, indem es sie wieder zusammenfügt, aber in anderer Zahl und Anordnung der einzelnen Stücke. Diese Arbeit leisten wahrscheinlich die gleichen oder ähnliche Enzyme, wie die beim Abbau beteiligten. Die Mannigfaltigkeit der möglichen Aufbaupläne ist so groß, daß trotz der gar nicht übermäßig großen Zahl verschiedener Grundbausteine jeder Tier- und Pflanzenkörper eine nur seiner Art zukommende, charakteristische Zusammensetzung erhält. Besonders gilt dies für die Eiweißkörper, deren es eine unendlich große Zahl gibt, weil sie aus den zahlreichsten und verschiedensten Bausteinen bestehen. Wie ein Kind mit Ankerbausteinen oder dem Matadorkasten aus den gleichen Einzelteilen ein Wohnhaus, eine Fabrik, eine Kirche, eine Brücke oder sonst etwas zusammensetzen kann, so gewinnt auch der lebende Körper durch die wechselnde Zusammenfügung einfachster Bausteine eine unübersehbare Mannigfaltigkeit von Formen. Da diese Bausteine im Tier- und Pflanzenkörper im wesentlichen die gleichen sind, so verstehst du nun auch, warum es nebensächlich ist, ob ein Tier pflanzliche oder tierische Nahrung zu sich nimmt und wieso wir Menschen in den verschiedenen Erdteilen einen so verschiedenen Speisezettel haben können.

Du wirst aber gleich auch etwas anderes begreifen. Wenn ein Wechseltierchen in seinem Tümpel jetzt auf eine Kieselalge trifft und sie sich einverleibt, dann auf eine Grünalge, später auf Spaltpilze, Geißeltierchen, Wimpertierchen, Reste abgestorbener Pflanzen oder Tiere, so ist es klar, daß es zu deren Verdauung und Wiederaufbau ein sehr umfangreiches chemisches Rüstzeug von Enzymen vorrätig halten oder nach Bedarf bilden muß. Demgegenüber wird es den Zellen im Körperverband viel bequemer gemacht. Die eigentliche Verdauungsarbeit wird ihnen zunächst mal in der Zentralküche abgenommen. Wenn aber nun die Nährstoffe durch die Darmwand ins Blut filtriert werden, so geschieht dabei noch etwas sehr Bedeutungsvolles. Die Darmzellen leisten nämlich bereits Aufbauarbeit. Sie fügen die Bausteine schon in einer vorläufigen Form in bestimmter Weise zusammen. Das „Blut" enthält also nicht mehr die einfachen Grundbausteine, sondern vor allem die Eiweißkörper schon in gewissen, für jede Tierart bezeichnenden Verbindungen. Dieses so vorgearbeitete Material geht nun an die Gewebszellen, und diese haben weiter nichts zu tun, als sich auf der Speisekarte die für sie geeigneten Stoffe herauszusuchen, sie in ihren Zelleib aufzunehmen und dort weiter zu verarbeiten. Tag für Tag und Jahr für Jahr, solange das Tier lebt, erhalten also seine Zellen eine bestimmte „Einheitsnahrung". Sie können sich dadurch ihren Enzymapparat sehr vereinfachen und brauchen nur die Stoffe vorrätig zu halten, die zu ihrer besonderen Bauarbeit nötig sind. Was dadurch gespart wird, ist zweifellos ganz ungeheuer, wenn wir auch keinen rechten Maßstab dafür gewinnen können. Blut ist also wirklich, wie Mephisto zu Faust sagt, ein „ganz besonderer Saft", der Lebensstrom, der alle Teile des Körpers durchdringt und von dem sie bei ihrer Tätigkeit zehren. Wir haben hier eines der größten Beispiele der „Rationalisierung und Typisierung" eines technischen Betriebes, die die Natur lange erfunden hat, ehe ihre Bedeutung dem Menschen zum Bewußtsein gekommen ist.

Was macht aber nun der Körper, wenn diese Einheitlichkeit der Ernährung einmal gestört wird? Dann müssen doch die gleichen Betriebsstörungen auftreten, wie wenn der Arbeiter am laufenden Bande plötzlich ein Werkstück vorgesetzt bekommt, das nicht zu den übrigen paßt und zu dessen Behandlung ihm die Gerätschaften fehlen. So geht es in der Tat, und du hast vermutlich an dir selbst schon einmal die unangenehmen Folgen einer solchen Störung empfunden. Du weißt sicher, was Masern, Scharlach, Diphtherie, Typhus, Pocken, Lungenentzündung und ähnliche schöne Krankheiten sind, die der Mediziner als „Infektionskrankheiten" bezeichnet. Sie beruhen alle darauf, daß fremde Lebewesen in unseren Körper eindringen. Meist sind es Spaltpilze, auch Bakterien oder Bazillen genannt, manchmal können es auch Tiere aus der Verwandtschaft der Wechseltierchen sein, wie bei dem Sumpffieber, der Malaria. Auch vielzellige Tiere, besonders Würmer kommen gelegentlich als „Schmarotzer" in unseren Körpergeweben vor. Was geschieht nun in einem solchen Falle? Diese Organismen wollen natürlich auch leben. Sie entnehmen also den Körpersäften Nährstoffe und geben dafür andere als Produkte ihrer Lebenstätigkeit ab. Dadurch ändert sich die Zusammensetzung des Blutes, es enthält Fremdstoffe, die man wegen ihrer Wirkung als Giftstoffe, Toxine bezeichnet. Die Gewebszellen bekommen diese mit dem Blute vorgesetzt und können mit ihnen nicht fertig werden, weil ihnen das Arbeitsgerät zu ihrer Behandlung fehlt. Der Erfolg ist: der Mensch wird krank. Aber diese Erkrankung äußert sich in sehr merkwürdiger Form. Es entsteht ein unbestimmtes allgemeines Gefühl von Unbehagen und Mattigkeit, Kopfschmerzen stellen sich ein, die Eßlust schwindet, und vor allem tritt Fieber auf. Dies sind die sogenannten Allgemeinerscheinungen, die sich bei jeder Infektionskrankheit zeigen, meist schon, ehe durch Schmerzen an einer bestimmten Stelle der eigentliche Sitz der Krankheit, der Ort, wo die gefährlichen Eindringlinge sich festgesetzt haben, erkennbar wird. Und diese Erscheinungen rühren eben daher, daß alle Zellen des Körpers durch die veränderte Zusammensetzung des Blutes in ihrem gewohnten Stoffwechsel gestört werden.

Ist nun der Zellenstaat diesem Angriff der Schmarotzer schutzlos preisgegeben? Zum Glück nicht, denn er hat sich für solche Fälle eine besondere Schutztruppe geschaffen.

Während sich alle übrigen Zellen für irgendeinen bürgerlichen Beruf spezialisiert haben, unterhält der Organismus daneben noch gleichsam ein stehendes Heer. Das sind die weißen Blutkörperchen. Sie haben sich allein im Körper die Eigenschaften frei lebender Zellen bewahrt. In Form und Größe gleichen sie auffallend den Wechseltierchen. Wie diese sind sie nackte Plasmaklümpchen, die sich durch Ausstrecken von Fortsätzen langsam kriechend fortbewegen. Und wie die Amöben können sie noch mit den verschiedensten Nahrungsstoffen chemisch fertig werden.

Du hast dich in den Finger geschnitten und der kleinen Wunde keine genügende Aufmerksamkeit geschenkt. Nach einiger Zeit fühlst du, daß der Finger weh tut. Die Wundstelle wird dick und rot und du hast das Gefühl, als ob etwas darin fortwährend klopfte. Es dauert nicht lange und in der Wunde erscheint eine gelbe Masse, sie „eitert". Wenn alles gut geht, stößt sich der Eiter ab, die Schwellung läßt nach und die Wunde verheilt. Was ist hier geschehen?

Die kleine Verletzung hatte den Zusammenhang der gesunden Haut durchbrochen, die sonst Schädlinge fernhält. Sofort sind dort Bakterienkeime eingedrungen, die als winzige Stäubchen ständig in der Luft umherschweben. In der Wunde finden sie ausgezeichnete Lebens- und Wachstumsbedingungen; sie teilen sich wieder und wieder und bald ist aus den wenigen Eindringlingen ein ganzes Heer geworden. Aber nicht lange können sie unbemerkt ihr Wesen treiben. Denn ihre Ausscheidungen gelangen ins Blut und wirken auf den ganzen Körper. Und sogleich wird die Schutztruppe mobil gemacht. Sie ist stationiert im Blut und patrouilliert in normalen Zeiten dauernd in den Gefäßen. Kommt nun die Meldung von einem solchen Angriff, so werden sofort Truppen an die bedrohte Stelle geworfen. Das Blut strömt beschleunigt an die Stelle der Verletzung und staut sich dort: der Finger wird dick und rot. Und nun setzt sich die Kampftruppe in Bewegung. Die weißen Blutkörperchen, die sich sonst vom Blutstrom mitrollen lassen, kleben sich an der kranken Stelle an der Gefäßwand fest. Sie strecken Fortsätze aus und zwängen sich mit ihnen durch die Zellzwischenräume in das umgebende Gewebe. Dort kriechen sie langsam auf den Bakterienherd zu, angelockt durch deren Ausscheidungen, die eine chemische Reizwirkung auf sie ausüben. Von allen Seiten kommen sie herbei und umstellen die Eindringlinge. Nun beginnt der Kampf. Die Bakterien scheiden Giftstoffe aus, die die weißen Blutkörperchen töten sollen. Diese erzeugen aus ihrem chemischen Arsenal Gegengifte, die diese Fremdstoffe abfangen und unschädlich machen, und Verdauungsfermente, mit denen sie die Bakterien ihrerseits angreifen. Mehr und mehr dringen die weißen Blutkörperchen vor, bis zur Wunde selbst, und erscheinen dort endlich auf der Wundfläche als gelblich weiße Masse, der Eiter. Viele gehen im Kampfe zugrunde, aber endlich sind die Bakterien überwunden, von den weißen Blutkörperchen aufgenommen, genau wie das ein Wechseltierchen tut und verdaut. Die Eiterung hört auf, die Schutztruppe wird zurückgezogen, indem das gestaute Blut wieder abströmt; Rötung und Schwellung läßt entsprechend nach, und die angrenzenden Körperzellen können durch ihre Vermehrung die Wunde schließen und vernarben lassen.

So geht's in den günstigen Fällen, die zum Glück weitaus die Mehrzahl bilden. Ist aber die Wunde sehr groß oder die Eindringlinge besonders gefährlich oder die Schutztruppe irgendwie geschwächt, dann siegen die Bakterien. Sie durchbrechen den Schutzwall der weißen Blutkörperchen, dringen ins Blut ein und werden mit ihm durch den ganzen Körper verschleppt. Der Mensch bekommt „Blutvergiftung", eine sehr böse Sache, die nur allzu oft zum Tode führt. Deshalb Vorsicht auch bei kleinen Wunden und energische Schutzmaßregeln, sobald sich Entzündung einstellt! Denn durch Eingriff von außen, Heranbringung von Stoffen, die die Bakterien töten, Alkohol, Jodtinktur, essigsaure Tonerde, können wir die Wunde „desinfizieren" und unserer inneren Schutztruppe zu Hilfe kommen.

Der Vorgang, den ich dir eben für eine infizierte Wunde geschildert habe, spielt sich in grundsätzlich gleicher Weise bei allen Infektionskrankheiten ab. Immer sind es die weißen Blutkörperchen, die durch Ausscheidung von Schutz- und Verdauungsfermenten den Kampf gegen die Eindringlinge aufnehmen. Dabei geschieht aber vielfach noch etwas sehr Merkwürdiges und Wichtiges. Du weißt sicher, daß Menschen, die eine der bekannten Kinderkrankheiten, Masern, Scharlach, Diphtherie, überstanden haben, im allgemeinen von der gleichen Erkrankung nicht noch einmal befallen werden. Sie sind dafür unangreifbar, immun, geworden. Wie geht das zu? Nun, im Grunde sehr einfach! Die weißen Blutkörperchen haben bei ihrem Kampfe mehr Schutzstoffe gebildet, als zum Siege notwendig waren. Diese verschwinden aber nach dem Kampfe nicht, sondern kreisen noch lange, unter Umständen Jahre lang im Blut. Kommt nun eine neue Infektion, so können sich die Eindringlinge nicht entfalten, denn sie werden durch diese Schutzstoffe sofort unschädlich gemacht, ehe sie Zeit haben, sich zu vermehren. Wohlgemerkt aber immer nur die Angreifer einer ganz bestimmten Art, denn gegen deren spezifische Ausscheidungen werden auch spezifische Schutzstoffe gebildet. Das wird dir nach dem, was wir über die Verdauung gehört haben, ja ohne weiteres klar sein.

Diese Tatsache hat sich die menschliche Heilkunst nun zunutze gemacht. In den europäischen Kulturländern muß jedes Kind im ersten Lebensjahr gegen Pocken „geimpft" werden. Die Pocken sind eine schwere Infektionskrankheit, die in früherer Zeit große Verheerungen angerichtet hat. Ihre Erreger dringen in den Körper ein und erzeugen auf der Haut Bläschen, die zu Geschwüren werden und, wenn sie abheilen, die Blatternarben hinterlassen. Diese Erreger kann man nun auch auf Tiere übertragen und sie erzeugen bei ihnen ähnliche Krankheitserscheinungen. So auch bei den Kühen; dort sind sie aber nicht so schwer wie beim Menschen, und die Erreger werden merkwürdigerweise durch ihren Aufenthalt im Körper der Kuh so geschwächt, daß sie dann auch dem Menschen weniger gefährlich sind. Man infiziert nun eine Kuh mit Pocken, entnimmt dann aus ihren Pockenbläschen die „Lymphe" und bringt etwas davon durch feine Hautritze in die Haut des Kindes. Dies erkrankt dann auch, aber in sehr leichter Form; es bilden sich an der Impfstelle einige Bläschen, kurze Zeit besteht Fieber, dann heilen sie ohne Schaden ab. Der Körper hat aber gegen den Angriff mobil gemacht und Schutzstoffe gebildet, und diese halten sich nun im Blut und genügen, um eine neue, ernstliche Erkrankung zu verhindern. Da aber dieser Schutz nach einiger Zeit nachläßt, so muß die Impfung, wie du weißt, noch einmal wiederholt werden, um auch den Erwachsenen zu immunisieren. Durch die allgemeine zwangsmäßige Durchführung dieses Verfahrens ist es gelungen, die Pockenkrankheit in Europa so gut wie gänzlich auszurotten. Trotzdem darf die Wachsamkeit nicht nachlassen, denn in weniger fortgeschrittenen Ländern kommt sie immer noch häufig vor, und es besteht daher die Gefahr, daß sie durch Kranke auch bei uns wieder eingeschleppt werden kann.

Einen anderen Weg hat man bei der Bekämpfung der gefürchtetsten Kinderkrankheit, der Diphtherie, eingeschlagen. Auch dort erzeugt man durch künstliche Infektion Schutzstoffe, aber nicht im Körper des Menschen, sondern des Pferdes. Man spritzt dem Pferde zunächst eine geringe Menge Diphtheriebazillen ein, so daß es leicht erkrankt, aber bald die eingedrungenen Erreger durch seine Abwehrstoffe vernichtet. Sein Blut enthält dann eine gewisse Menge Schutzstoffe. Nun wiederholt man die Einspritzung mit einer größeren Menge Bakterien, die das Pferd jetzt auch zu vernichten vermag und dabei seinen Vorrat an Schutzstoffen weiter steigert. Durch mehrfach wiederholte Infektion mit immer größeren Bakterienmengen erhält man schließlich ein Pferdeblut, das sehr reich an Diphtherieschutzstoffen ist. Man zapft dann dem Pferde eine Blutmenge ab, deren Verlust es ohne Schaden ertragen kann und bewahrt dies in luftdicht verschlossenen Gefäßen als sogenanntes Diphtherieserum auf. Erkrankt nun ein Kind an Diphtherie, so spritzt man ihm dieses Serum ins Blut. Der Körper erhält dadurch auf einmal große Mengen von Schutzstoffen geliefert, mit deren Hilfe es gelingt, die Bakterien zu bekämpfen, bis hinreichend eigene Schutzstoffe gebildet sind, um die Erreger völlig zu vernichten. Wenn diese Vorsichtsmaßregel rechtzeitig angewendet wird, gelingt es in den allermeisten Fällen, die Gefahr der Erkrankung zu beseitigen.

Bei dieser Serumbehandlung der Diphtherie machte man

aber die Erfahrung, daß Krankheitserscheinungen auftraten, die gar nichts mit der Diphtherie als solcher zu tun hatten. Bei der Einspritzung führt man in den Körper ja nicht nur die Diphtherieschutzstoffe ein, sondern auch das sie enthaltende Pferdeblut. Dies enthält natürlich noch eine ganze Menge anderer organischer Verbindungen, vor allem die für das Pferd charakteristischen Eiweißstoffe. Es zeigte sich nun, daß diese Stoffe, die an sich keineswegs giftig oder sonst gefährlich sind, sehr schädlich wirken können, wenn man sie direkt in das menschliche Blut bringt. Woher das kommt, verstehen wir jetzt sehr gut: die Körperzellen sind auf die Verarbeitung dieser artfremden Eiweißkörper nicht eingerichtet und können dadurch geschädigt werden. Als man darauf einmal aufmerksam geworden war, stellte man durch zahlreiche Versuche fest, daß jedes artfremde Eiweiß, unmittelbar ins Blut gebracht, als tödliches Gift wirken kann. Derselbe Stoff, der, durch den Darm aufgenommen, ein vorzügliches Nahrungsmittel ist, weil er ordnungsgemäß in seine Bausteine zerlegt wird, kann also giftig wirken, wenn er unter Umgehung des Darmes direkt ins Blut gelangt! Daher muß man auch mit fremdem Blut sehr vorsichtig sein. Früher glaubte man, einem Menschen, der sehr viel Blut verloren hat, könnte man dadurch helfen, daß man das Blut eines Tieres in seine Adern leitete. Man erlebte aber, daß in solchen Fällen der Patient sogleich zugrunde ging. Man darf also zu einer solchen „Transfusion" nur Menschenblut verwenden. Ja, es hat sich gezeigt, daß auch unter den Menschen selbst erhebliche Unterschiede bestehen. Das Blut eines Chinesen oder eines Negers ist für den Europäer giftig. Selbst Weiße untereinander vertragen sich mit ihrem Blut nicht gleich gut. Am besten verwendet man das Blut eines nahen „Blutsverwandten" — du merkst jetzt, welch tiefen Sinn dieser alte Ausdruck gewonnen hat — zur Transfusion. Forschungen der letzten Jahre haben gelehrt, daß diese Blutsverwandtschaft auf der Zugehörigkeit zu bestimmten „Blutgruppen" beruht, deren Anlage in gleichmäßiger Weise von den Eltern auf die Kinder übertragen wird. So fein sind die chemischen Unterschiede, daß wohl jeder Mensch sein eigenes, mit keinem anderen völlig gleiches Blut hat. Blut ist eben wirklich: „ein besonderer Saft".

In neuester Zeit hat man übrigens gelernt, auch diese Verhältnisse zu Heilzwecken auszunutzen. Wenn man nämlich eine nicht zu große Menge artfremder Substanz, z. B. Milch eines Tieres ins Blut bringt, so werden dadurch alle Abwehrkräfte des Körpers zur regsten Tätigkeit angespornt. Das kann von großem Nutzen sein, wenn der Körper durch eine langwierige Krankheit gleichsam in seiner Abwehrenergie erschlafft ist. Die plötzliche heftige Reizung führt dann nicht nur zum Kampf gegen den neuen Angriff, sondern erreicht durch Einsetzung aller Reserven auch die Vernichtung des alten Feindes.

8. Die Vereinheitlichung der Arbeitsbedingungen.

Der Zellenstaat begnügt sich in der Durchbildung seines technischen Betriebes keineswegs mit der Vereinheitlichung des Betriebsmaterials. Er hat es auch unternommen, die Arbeitsbedingungen für alle Zellen in wichtigen Punkten übereinstimmend zu machen. Ist das erste eine chemische Angelegenheit, so handelt es sich beim zweiten hauptsächlich um physikalische Kräfte.

Wir haben früher gesehen, daß die Pflanze mit ihren Wurzeln eine Menge im Wasser gelöster Mineralstoffe aufnimmt. In den organischen Verbindungen, den eigentlichen Nährstoffen finden wir diese, abgesehen vom Stickstoff, aber nur zum kleinsten Teile wieder. Dennoch treffen wir sie in allen Zellen, und wenn wir der Pflanze ihre Aufnahme unmöglich machen, indem wir sie in einen Boden bringen, dem die nötigen Mineralsalze fehlen, so geht sie zugrunde. Was für eine Bedeutung haben sie aber dann?

Ich nehme eine Schale mit reinem Wasser und schütte eine Handvoll gewöhnliches Kochsalz hinein. Es sinkt zunächst zu Boden, lasse ich das Gefäß aber einige Zeit stehen, so verschwinden die festen Salzteilchen, und ich kann feststellen, daß das Wasser in der Schale überall salzig schmeckt. Das

Salz hat sich also verteilt, und zwar bis zu seinen kleinsten Einzelteilchen, und diese haben sich überall gleichmäßig zwischen die Einzelteilchen des Wassers hineingeschoben. Das Salz hat sich aufgelöst, es ist eine „Salzlösung" entstanden. Den Vorgang kennst du ganz genau; wenn du in deine Tasse Tee Zucker hineintust, geschieht das gleiche. Rührst du dabei den Tee um, so erfolgt die gleichmäßige Durchmischung schneller, aber auch, wenn du die Tasse ruhig stehen läßt, wird langsam durch Wanderung der Zuckerteilchen überall die gleiche Verteilung hergestellt (Abb. 55a u. b). Schließlich ist überall die gleiche Anzahl Zuckerteilchen, die gleiche

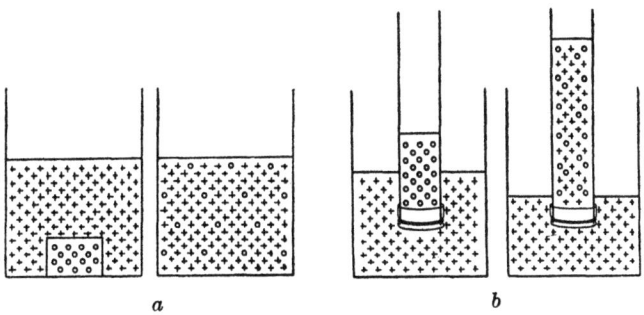

Abb. 55. Diffusion *a* und Osmose *b*.
Kreuze = Wasserteilchen; Ringe = Zuckerteilchen.
Weitere Erklärungen im Text.

„Konzentration" vorhanden. Solange, bis dieser Zustand erreicht ist, wandern die Zuckerteilchen von den Stellen hoher Konzentration, wo sie zahlreich sind, zu solchen niedriger Konzentration. Sie „diffundieren" im Wasser. Anders gesagt, jedes Zuckerteilchen hat das Bestreben, sich mit so vielen Wasserteilchen zu umgeben als möglich.

Nun mache ich den Versuch in etwas anderer Weise. Ich nehme ein langes Glasrohr und binde seine eine Öffnung mit einem Stückchen tierischer Haut, Schweinsblase oder Pergament zu. Dann fülle ich das Rohr etwa zu einem Viertel mit konzentrierter Zuckerlösung und hänge es so in eine Schale mit reinem Wasser, daß das verschlossene Ende in das Wasser eintaucht. Beobachten wir nun längere Zeit, so sehen wir, wie die Flüssigkeit in dem Rohr langsam steigt. Stundenlang geht das so fort, bis die Lösung endlich in einer gewissen Höhe stehenbleibt.

Die Sache erklärt sich folgendermaßen: Die Zuckerteilchen im Glasrohr möchten sich mit dem umgebenden Wasser in der Schale mischen, durch das untere Ende der Röhre hindurch diffundieren. Das geht aber nicht, denn die Schweinsblase läßt sie nicht durch. Wir können uns davon überzeugen, wenn wir das Wasser in der Schale kosten: es schmeckt nicht süß. Was machen sie nun? Sie ziehen einfach die Wasserteilchen durch die Schweinsblase hindurch, denn die werden durchgelassen. Mehr und mehr Wasser wird so angesaugt, und natürlich muß die Flüssigkeit im Rohre steigen. Das geht aber nicht unbegrenzt, denn die Wassersäule wird mit zunehmender Höhe immer schwerer und drückt dadurch die Wasserteilchen wieder in die Schale zurück. Schließlich kommt ein Punkt, wo die Saugkraft der Zuckerteilchen und das Gewicht der Wassersäule sich gerade das Gleichgewicht halten; dann bleibt die Flüssigkeit im Rohre in gleicher Höhe stehen. Bestimmen wir jetzt das Gewicht der Wassersäule, damit also den Druck, den sie auf die Schweinsblase ausübt, so haben wir damit auch die Gegenkraft, den „osmotischen Druck" der Zuckerlösung gemessen.

Versuche haben nun ergeben, daß jede Salzlösung, wenn nur ihre Teilchen nicht durch die tierische Verschlußhaut hindurchgehen können, einen derartigen osmotischen Druck entwickelt. Seine Höhe hängt einmal von der chemischen Natur der Teilchen, andererseits von ihrer Konzentration ab. Die Kräfte, die dabei entwickelt werden, sind sehr beträchtlich. Eine 1%ige Kochsalzlösung, in der also auf 99 Teile Wasser 1 Teil Kochsalz kommt, hat beispielsweise einen osmotischen Druck von rund 8 Atmosphären, d. h. ihre Kraft ist 8mal größer als der Druck der Luftsäule, die auf einem Quadratzentimeter unserer Erdoberfläche lastet.

Nun nehmen wir ein Stück Pflanzengewebe, z. B. eine grüne Fadenalge, wie sie in unseren Tümpeln immer in Menge vorkommen. Wir legen sie in einer Schale unter das Mikroskop und füllen die Schale nacheinander mit Salzlösungen verschiedener Konzentration. Ist die Außenflüssigkeit reines Wasser, so sehen wir, daß der Zellinhalt, das Protoplasma, der Zellwand dicht anliegt und die Wand prall gespannt ist. Steigern wir die Konzentration der Salzlösung in der Schale mehr und mehr, so beobachten wir, daß die Zellwand sich zusammenzieht. Endlich löst sich das Plasma von der Wand ab und schrumpft mehr und mehr zusammen. Bringen wir wieder reines Wasser in die Schale, so quillt der Zellinhalt wieder auf, und die Zellwand strafft sich aufs neue. Mit dieser Tatsache hat uns zuerst vor etwa 60 Jahren der Pflanzenphysiologe P f e f f e r bekannt gemacht, unsere Abb. 56 zeigt einen seiner Versuche.

Abb. 56. Einwirkung von Salzlösungen auf Pflanzenzellen.
a Reines Wasser: die Zelle ist prall gespannt; b schwache Salzkonzentration: die Zellwand ist entspannt, das Protoplasma beginnt sich von ihr abzuheben; c starke Salzkonzentration: das Plasma ist stark geschrumpft.

Die Erklärung der Erscheinung wird dir nicht allzu schwer werden. Die Plasmawand der Zelle — nicht die ausgeschiedene Zellstoffmembran! — läßt genau wie die Schweinsblase die Salzteilchen nicht durch, wohl aber die Wasserteilchen. Nun findet um das Wasser gewissermaßen ein Kampf zwischen dem Protoplasma der Zelle und der Außenflüssigkeit statt. Ist außen reines Wasser, so zieht das Plasma die Wasserteilchen hinein. Je mehr es anzieht, desto größer wird der Zellinhalt. Er drückt auf die elastische Zellwand. Die spannt sich immer mehr; endlich wird ihr Gegendruck so groß, daß sie keine Wasserteilchen mehr hineinläßt (Abb. 56 a). Dann haben wir Gleichgewicht, genau wie mit dem Druck der Wassersäule in unserem früheren Versuch. Bringen wir außen eine Salzlösung hin, so zieht diese Wasserteilchen an, um so stärker, je konzentrierter sie ist. Dies Wasser entzieht sie dem Protoplasma der Zelle und dadurch schrumpft sie zusammen. Zunächst wird die Spannung der Zellwand kleiner und kleiner (Abb. 56b), endlich ist sie in der Ruhelage, und bei weiterer Schrumpfung muß das Plasma von ihr zurückweichen (Abb. 56c).

Soweit ist die Sache ganz einfach. Woher kommen aber nun die Kräfte, die im Protoplasma die Wasserteilchen anziehen? Nun, das Plasma ist selbst eine Salzlösung, und die Salzteilchen, die darin den osmotischen Druck hervorrufen, sind eben die Mineralstoffe, welche die Wurzeln der Pflanze aus der Erde aufsaugen!

Wenn du aufgepaßt hast, wirst du mich hier durch eine Frage in Verlegenheit bringen! Wie sind denn diese Salze in das Protoplasma hineingekommen? Ich denke, die Zellhaut läßt sie nicht durch? Das ist tatsächlich eine der knffligsten Fragen der Physiologie, der Lehre von den Lebensleistungen der Tiere und Pflanzen. Im allgemeinen ist sicher die Zellhaut für Salze nicht durchgängig, unter Umständen kann sie es aber werden. Wie sie das macht? Sie ist eben „lebend", keine tote Maschine, und daher kann sie Kräfte entfalten, über die wir nicht allzuviel wissen; und das, was wir zu wissen glauben, setzt so viele chemische und physikalische Kenntnisse voraus, daß ich es dir nicht erklären kann. Du darfst es mir also nicht übelnehmen, wenn ich deinen Wissensdurst hier ungestillt lassen muß. Dabei siehst du gleich einmal, daß die Wissenschaft zwar vieles, aber noch lange nicht alles weiß.

Das Protoplasma ist also, wie wir jetzt wissen, eine Salzlösung, d. h. es besteht zum größten Teil aus Wasser und darin gelöst ist einmal die Hauptmenge der organischen Verbindungen und andererseits die Mineralsalze. Die Bedeutung, welche diese Salze für das Leben der Zelle haben, ist sicher recht groß. Einmal tragen sie zur Erhaltung des Spannungszustandes der Zellwand durch ihren osmotischen Druck bei. Dies gilt besonders für die Pflanzen, deren Straffheit auf dieser osmotischen Wasseranziehung beruht. Entziehen wir der Pflanze das Wasser, etwa indem wir einen Blumenstrauß ohne Wasser in eine Vase stellen, so welkt er, weil ein Teil des Wassers verdunstet und nicht wieder ersetzt werden kann. Dann beginnen Blätter und Stengel bald zu hängen; stellen wir sie ins Wasser, so werden sie wieder straff. Ebenso können wir beobachten, wie in Zeiten großer Trockenheit die Pflanzen in Gärten und Feldern schlaff werden und ihre Blätter hängen lassen, weil sie aus dem Boden nicht mehr genügend Wasser aufnehmen können.

Daneben spielen aber die Mineralsalze auch bei den chemischen Umsetzungen der Nahrungsstoffe in der Zelle eine wichtige Rolle. Damit diese Umwandlungen in der richtigen Weise und mit der richtigen Geschwindigkeit vor sich gehen, ist es notwendig, daß das Protoplasma eine Anzahl von Salzen in bestimmter Zusammensetzung und Konzentration enthält. Diese ist für die einzelnen Zellarten je nach ihren Aufgaben verschieden. Alle sind also darauf angewiesen, Salze aus der Umgebung aufzunehmen bzw. mit ihr auszutauschen. Sie müssen also von einer Flüssigkeit umspült werden, die dazu die nötige Gelegenheit gibt.

Schwimmt ein einzelliges Lebewesen im Meere, so ist die Sache ziemlich einfach. Denn das Meerwasser enthält alle nötigen Salze und, was vor allem wichtig ist, seine Zusammensetzung bleibt sich über weite Strecken fast völlig gleich. Auch wenn die Zelle also durch die Meeresströmungen weit umhergetrieben wird, bleiben die Bedingungen für den Salzstoffwechsel immer die gleichen. Sie hat also während ihres ganzen Lebens immer die gleiche Salznahrung und den gleichen osmotischen Druck im umgebenden Wasser, braucht sich demnach keine besonderen Einrichtungen zum Schutz gegen Veränderungen in dieser Hinsicht anzuschaffen.

Anders wird die Sache bei den Vielzelligen. Denn die in ihrem Inneren gelegenen Zellen stoßen ja nicht mehr unmittelbar an die Außenflüssigkeit. Sie helfen sich, indem sie eine Innenflüssigkeit schaffen, die alle Zellen umspült, das Blut. Dies muß nun die nötigen Salze enthalten und die gewinnt es aus der Nahrung.

Bei den Meerestieren paßt sich das Blut in seiner Konzentration einfach dem umgebenden Meerwasser an. Dann sind die Druckverhältnisse sehr einfach. Es herrscht Gleichgewicht zwischen der Außen- und Innenflüssigkeit und da das Meerwasser stets den gleichen osmotischen Druck hat, so behält ihn auch das Blut. Wie eng dieser Zusammenhang ist, sieht man im Versuch, wenn man das Meerwasser verdünnt oder durch Salzzusatz konzentrierter macht. Prüft man einige Zeit nach einer solchen Veränderung den osmotischen Druck im Blut der Tiere, die sich im Versuchsgefäß befinden, so zeigt sich, daß er genau auf die Höhe der Außenflüssigkeit eingestellt ist. Das läßt sich leicht erreichen, indem durch die Haut oder, wenn diese undurchlässig geworden ist, durch Kiemen oder Nieren Wasser, unter Umständen auch Salze nach Bedarf aufgenommen oder abgeschieden werden.

Anders liegen die Dinge im Süßwasser, denn dies enthält ja nur ganz wenige Mineralsalze. Prüfen wir hier wieder das Blut, so hat es immer eine erheblich höhere Konzentration. Dann muß aber durch die durchlässigen Stellen der Körperwand ständig Wasser hineindiffundieren, und der Körper würde allmählich aufquellen, wenn nicht durch die Nieren das überschüssige Wasser immer wieder abfiltriert würde. Solche Tiere müssen also ihr Salzgleichgewicht durch dauernde innere Arbeit aufrecht erhalten. Vergleichen wir ihren osmotischen Druck mit dem im Blute der Meerestiere, so finden wir, daß er allgemein wesentlich geringer, nur etwa ein Drittel so hoch ist.

Den gleichen Druck wie bei den Süßwassertieren finden wir nun auch bei den Landtieren, die also gar keine Außenflüssigkeit mehr haben. Offenbar ist also diese Konzentration, die etwa der von 0,7—1,0% Kochsalz entspricht, für die Lebenstätigkeit der Zellen besonders günstig.

Diese Konzentration wird nun mit großer Zähigkeit von den Tieren festgehalten. Durch Panzerung oder Verhornung der Haut schützen sie sich gegen den Wasserverlust durch Verdunstung, und die Tätigkeit der Nieren regelt auf das genaueste den Salzgehalt des Blutes. Zwingen wir ein solches Tier etwa, übergroße Mengen zu trinken, so beginnt nach kurzer Zeit eine sehr reichliche Harnabsonderung, geben wir ihm sehr salzhaltige Nahrung, so erscheint ein Teil der Salze alsbald im Harn wieder. Jeder kann an sich selbst beobachten, wie schnell und fein seine Nieren auf alle Vorgänge antworten, die den Salzgehalt des Blutes verändern. Du hast sicher die Erfahrung gemacht, daß bei anstrengenden Wanderungen, wenn viel Wasser durch Verdunstung an der Haut verlorengeht, die Nierentätigkeit fast völlig aufhört und nur geringe Mengen eines dunklen und sehr konzentrierten Harnes entleert werden.

Diese genaue Arbeit der Nieren sorgt dafür, daß das Blut stets die gleiche Zusammensetzung und Konzentration behält und daß also die Zellen im ganzen Körper immer von der gleichen Salzlösung umspült werden. Sehen wir uns diese Blutsalze näher an, so finden wir, daß es fast genau die gleichen sind, die das Meerwasser enthält, also vor allem Kochsalz und daneben Kalium-, Magnesium- und Kalziumverbindungen. Unser Blut ist also in dieser Beziehung nichts anderes als verdünntes Meerwasser, eine Feststellung, die zu denken gibt und die vielleicht darauf hinweist, daß die Welt der Lebewesen ihren Ursprung im Meere hat. Unser Blut wäre also eine Erinnerung an die Zeit, als vor Millionen von Jahren unsere tierischen Vorfahren noch im Weltmeer umherschwammen!

Die Salze, die das Blut benutzt, müssen aus der Nahrung stammen. Es ist demnach nicht anders möglich, als daß sie durch die Darmwand hindurchgehen. Wir haben hier also einen Fall, wo auch bei den Tieren gewisse Zellgruppen die Fähigkeit haben, Mineralsalze durch ihre Wand hindurchzulassen. Es läßt sich bei dieser Gelegenheit auch klarmachen, warum wir Menschen die Gewohnheit haben, unsere Speisen zu salzen. Kochsalz, Chlornatrium, ist das wichtigste Salz im Blute. Die Pflanzen enthalten davon nur wenig, sondern statt dessen vorwiegend Kalisalze. Daher müssen die Menschen, die hauptsächlich Pflanzennahrung essen, den Mangel durch Zusatz von Kochsalz ausgleichen. Die Fleischesser, also z. B. die Eskimos, haben das nicht nötig. Genau wie uns geht es auch den pflanzenfressenden Tieren, und du verstehst jetzt, warum die Hirsche in unseren Wäldern und die Antilopen in den Steppen Afrikas Salzlecken für ihr Wohlbefinden brauchen oder warum man im Gebirge eine ganze Ziegenherde als unermüdlich zudringliche Begleiter bekommt, wenn man ihnen Salz anbietet. Leider tun wir Menschen im Salzen der Speisen meist des Guten zuviel und machen unseren Nieren damit ganz unnötige Arbeit.

Die höchst entwickelten Tiergruppen haben endlich eine hervorragend nützliche Erfindung gemacht, die Heizung ihres Körpers zur Herstellung einer immer gleichen verhältnismäßig hohen Temperatur. Du wirst aus der Schule wissen, daß man die Säugetiere und die Vögel als Warmblüter von allen übrigen Tieren, den Kaltblütern unterscheidet. Aus Krankheitserfahrungen wird dir bekannt sein, daß der Mensch, der seinem Körperbau nach zu den Säugetieren gehört, in gesundem Zustand eine durchschnittliche Körpertemperatur von 37^0 C hat. Ähnlich hoch ist sie bei fast allen Säugetieren, bei den Vögeln meist etwas höher, $38-40^0$ C. Der Körper dieser Tiere ist also stets wesentlich wärmer als seine Umgebung, demnach muß er dauernd Wärme erzeugen.

Sehen wir uns im Wirtschaftsleben um, wie dort Wärme gewonnen wird, so ist das häufigste Verfahren die Verbrennung. Holz oder Kohle wird in den Ofen gesteckt, und bei ihrer Verbrennung entsteht Wärme. Unsere Brennstoffe, Holz, Briketts, Steinkohle, aber auch Petroleum, Benzin und andere flüssige Heizstoffe bestehen nun, chemisch untersucht, im wesentlichen aus Kohlenstoff. Bei der Verbrennung geschieht die Vereinigung dieses Kohlenstoffs mit Sauerstoff, und gebildet wird dabei ein Gas, das Kohlendioxyd oder, wie wir es gewöhnlich zu nennen pflegen, die Kohlensäure. Der Sauerstoff, den wir demnach unbedingt zur Verbrennung brauchen, ist in großer Menge in der Luft enthalten. Soll also ein Ofen richtig brennen, so muß er „Zug" haben, d. h. durch eine Öffnung muß Luft in den Brennschacht treten können, und nach der Verbrennung muß die entstandene Kohlensäure durch den Schornstein ins Freie geführt werden. Zieht der Ofen nicht ordentlich, so bleibt die Verbrennung unvollständig, statt der Kohlensäure entsteht das gefürchtete Kohlenoxyd, ein sehr giftiges Gas. Nur allzu oft liest man ja im Winter von Kohlenoxydvergiftungen. Der Ofen war zu früh geschlossen, so daß nicht genug Luft eintreten und die Verbrennungsgase nicht abziehen konnten. Dann dringen sie zurück in die Wohnung, und das Unglück ist da.

Daß alle unsere Brennstoffe vorwiegend aus Kohlenstoff bestehen — der daher ja seinen Namen hat —, ist durchaus kein Zufall. Denn fragen wir nach der Herkunft unseres Heizmaterials, so zeigt sich, daß es ausnahmslos aus den Körpern von Tieren oder Pflanzen gewonnen ist. Beim Holz ist das selbstverständlich, wahrscheinlich wird dir aber auch bekannt sein, daß die Kohlenlager, die jetzt mehr oder weniger tief im Erdinnern stecken, nichts anderes sind, als richtige Wälder, die auf feuchtem sumpfigen Boden der Vorzeit grünten und im Schlamm versanken. Schicht für Schicht häufte sich so übereinander, ähnlich, wie wir es noch heute bei der Bildung des Torfs im Moor beobachten können. Endlich wurde das Ganze von Sand und Gestein bedeckt. In der Erdtiefe „versteinerten" die Pflanzenreste, so daß hauptsächlich der Kohlenstoff übrigblieb. Aber die „Asche", die im Ofen zurückbleibt, zeigt uns noch all die Mineralsalze, welche die Pflanze zu Lebzeiten aufgenommen und in ihren Zellen aufgespeichert hatte. Auch das „Erdöl", Petroleum, ist aus Pflanzen und Tieren entstanden, nur hat es andere Umwandlungen durchgemacht als die Kohle.

Wir wissen nun bereits, daß alle „organischen" Verbindungen hauptsächlich aus Kohlenstoff bestehen. Unser gesamtes Heizmaterial ist also ursprünglich durch die Lebenstätigkeit der Pflanzen aufgebaut worden. Wir arbeiten demnach in unserer Wirtschaft mit den Schätzen, die die Lebewesen der Vorzeit aufgespeichert haben. Daher auch die wichtige, im wahren Sinne des Wortes „brennende" Frage, wie lange diese Vorräte wohl bei den riesig gesteigerten Anforderungen noch reichen werden.

Genau das gleiche, wie wir im Ofen, tun Pflanze und Tier in ihrem Körper. Alle Lebewesen müssen „atmen", um zu leben, und der Zweck der Atmung ist die Aufnahme von Sauerstoff. Dieses Gas findet sich sowohl in der Luft als auch gelöst im Wasser. Kleine Tiere mit weicher Körperoberfläche nehmen es einfach durch die Hautzellen auf, die übrigen brauchen besondere Atmungsorgane. Bekannt sind die Kiemen der Fische, fransenartige Hautanhänge, die in den Kiemenspalten sitzen, durch die ein dauernder Wasserstrom von der Mundöffnung nach außen fließt. Ähnlich reich verzweigte Atemanhänge haben die jungen Kaulquappen an den Seiten des Halses, die Krebse an den Beinen, Muscheln und Schnecken in der Mantelhöhle, die Ringelwürmer am Kopf. Überall sind sie nach dem gleichen Grundsatz gebaut, eine möglichst große, von Wasser umspülte Oberfläche zu schaffen, durch deren dünnen Zellbelag der Sauerstoff in das Blut diffundieren kann.

Gehen die Tiere aufs Land, so muß der Sauerstoff aus der Luft aufgenommen werden. Es ändert sich dabei der Bau der Atemorgane nur insofern, als sie in die Körperoberfläche nach innen eingestülpt werden, wie wir das früher gesehen haben.

Der aufgenommene Sauerstoff muß nun im Körper verteilt werden, und diese Aufgabe übernimmt wieder das Blut. Der Sauerstoff löst sich in der Blutflüssigkeit, genau so, wie er etwa vorher im Wasser gelöst war. Das Blut kann dabei soviel Sauerstoff aufnehmen, bis es damit gesättigt ist bzw. bis es mit dem Sauerstoffgehalt der Außenflüssigkeit im Gleichgewicht ist, denn der Sauerstoff kann natürlich nur so lange ins Blut diffundieren, als seine Konzentration außen größer ist als innen. Nun läuft das Blut durch die Gewebe und gibt dort an die Zellen seinen Sauerstoff ab. Diese verbrauchen ihn zur Verbindung mit ihrem Kohlenstoff, sie enthalten also immer weniger Sauerstoff als das Blut, das von den Atmungsorganen herkommt, so daß der Sauerstoff durch Diffusion in die Zellen übergehen muß. Dadurch wird das Blut während seines Kreislaufs allmählich den Sauerstoff los, und wenn es wieder in den Kiemen oder Lungen ankommt, kann es eine neue Ladung aufnehmen. Dafür beläd es sich in den Geweben mit der Kohlensäure, die bei der Verbrennung gebildet wird und gibt diese in den Atmungsorganen nach außen ab.

Atmung finden wir aber bei allen Tieren und auch bei den

Pflanzen, und die sind doch nicht warmblütig. Also muß die Verbrennung offenbar noch einen anderen Zweck haben als den Wärmegewinn. Das ist wieder ähnlich wie in der Technik. Wenn wir einen Dampfkessel oder eine Lokomotive heizen, so kommt es uns durchaus nicht auf die Wärme als solche an, sondern auf die Arbeit, die die Maschine leisten kann. Wir wollen also die Wärme in Arbeitsenergie, in Antriebskraft für die Maschine umsetzen, und nur soweit sie sich dazu eignet, hat sie für uns Wert. Auch in den Lebewesen soll bei der Verbrennung in erster Linie Arbeitsenergie gewonnen werden, denn der Körper muß dauernd Arbeit leisten. Beim Tier sehen wir das am deutlichsten bei der Tätigkeit der Muskeln, aber auch der Stoffumsatz, die Verdauung, der Aufbau des Protoplasmas, die Herstellung der Drüsenstoffe erfordert Arbeit, und vieles davon muß auch die Pflanze leisten. Es ist also in diesem Sinne durchaus berechtigt, den Körper der Lebewesen mit einer Maschine zu vergleichen, die durch Verbrennung betrieben wird, wenn auch der Weg, wie die Arbeitsenergie gewonnen wird, ein etwas anderer ist als in unseren technischen Wärmekraftmaschinen.

Wer einigermaßen mit der Technik vertraut ist, weiß, daß unsere Verbrennungsmaschinen den großen Fehler haben, daß nur ein verhältnismäßig geringer Teil der erzeugten Wärme sich in Arbeit umsetzen läßt. Der größte Teil geht nutzlos verloren dadurch, daß er in die Umgebung ausstrahlt. Man braucht ja nur einmal in das Kesselhaus einer Fabrik oder in die Nähe einer unter Dampf stehenden Lokomotive zu gehen, um sich von dieser Tatsache zu überzeugen. Die Maschine der Lebewesen arbeitet zwar technisch vollkommener, aber auch bei ihr geht ein erheblicher Teil der erzeugten Energie als Wärme verloren. Denke nur an die viele Wärme, die dein Körper bei anstrengendem Turnen oder raschem Lauf, d. h. bei kräftiger Muskelarbeit hervorbringt, oft recht gegen deinen Wunsch und Willen. Bei den meisten Lebewesen geht nun diese nebenbei erzeugte Wärme nutzlos verloren, die Warmblüter aber haben gelernt, sie zur Heizung ihres Körpers zu verwenden. Auch hier können wir wieder entsprechende Beispiele aus der menschlichen Technik anführen. Viele modernen Fabriken lassen den „Abdampf" ihrer Kessel, nachdem er seine Arbeit getan hat, nicht einfach entweichen, sondern führen ihn durch Rohrleitungen und beheizen damit ihre Fabrikräume. Genau so macht es der Warmblüter — der Pelz der Säugetiere und das Federkleid der Vögel haben in erster Linie die Aufgabe, die Wärme im Körper festzuhalten.

Wie ich aber mit einem kleinen Kessel selbst bei bester Verwertung des Abdampfs keine große Fabrik heizen kann, so läßt sich auch kein Tier zum Warmblüter machen, dessen Körpermaschine nicht schon aus anderen Gründen stark arbeitet. Nur bei den muskelkräftigsten und regsamsten Tieren hatte also diese Einrichtung überhaupt Sinn. Haben sie besonders kräftige Maschinen, so brauchen sie zur Verbrennung auch sehr viel Sauerstoff. Daher finden wir einerseits bei Vögeln und Säugetieren besonders große Lungenflächen, außerdem aber in höchster Vollendung eine Einrichtung zur Aufspeicherung und Übertragung von möglichst viel Sauerstoff. Wird der Sauerstoff einfach in der Blutflüssigkeit gelöst, so kann sie selbst bei Sättigung nicht gerade viel aufnehmen. Man hat gefunden, daß 100 ccm Blutflüssigkeit nur 0,27 ccm Sauerstoff binden können. Damit kommt man natürlich nicht sehr weit, und Tiere mit lebhafter Verbrennung mußten sich also nach einem Verfahren umsehen, das mehr Sauerstoff zu befördern gestattete. Die Lösung des Problems war die Erfindung der Blutfarbstoffe.

Daß unser Blut rot ist, weißt du, du weißt wahrscheinlich auch, daß die Farbe herrührt vom Gehalt an roten Blutkörperchen. Diese Gebilde enthalten in ihrem Zelleib das Hämoglobin, eine Verbindung von Eiweiß mit einem roten Eisenfarbstoff. Dies Hämoglobin hat nun die merkwürdige Eigenschaft, daß es Sauerstoff in großen Mengen speichern kann. Diffundiert also Sauerstoff aus der Luft in die Blutflüssigkeit, so reißen ihn die darin schwimmenden Blutkörperchen an sich. Dadurch wird die Flüssigkeit wieder sauerstoffarm, es diffundiert neuer von außen nach, und so geht das Spiel weiter, bis die roten Blutkörperchen ganz mit Sauerstoff beladen sind. 100 ccm solches rotes Blut können nun etwa

18 ccm Sauerstoff aufnehmen, also ungefähr 65 mal soviel als das farblose. Das wichtigste ist dabei aber, daß das Hämoglobin seinen Sauerstoff auch ebenso leicht wieder hergibt, wenn in seiner Umgebung keiner vorhanden ist. Kommt also das Blut in die Gewebe, so entziehen die Zellen der Blutflüssigkeit den Sauerstoff; darauf gibt das Hämoglobin ihn so lange ab, bis die Blutflüssigkeit wieder gesättigt ist. Dieser wird wieder von den Zellen entzogen, und das geht so weiter, bis das Hämoglobin allen Sauerstoff losgeworden ist. Das Blut, das in unserem Körper kreist, ist also in seinem Sauerstoffgehalt sehr verschieden. Kommt es von den Lungen, so ist es sauerstoffreich, arteriell; je länger es durch die Gewebe läuft, desto mehr wird es sauerstoffarm, venös. Dafür enthält es dann reichlich Kohlensäure, die dem arteriellen Blute fehlt, weil sie in der Lunge ausgeschieden wird.

Mit einem solchen Verfahren läßt sich natürlich weit besser arbeiten, kein Wunder, daß alle Tiere, die lebhafte Muskeltätigkeit haben, sich solche Blutfarbstoffe zulegten. Die Krebse und Tintenfische haben sich dabei im wahren Sinne des Wortes „blaues Blut" angeschafft; es enthält eine Eiweiß-Kupferverbindung, die blau aussieht, wenn sie mit Sauerstoff beladen ist. Sie ist aber nicht so leistungsfähig wie das Hämoglobin, das wir vor allen bei den Wirbeltieren finden. Unter ihnen zeichnen sich wieder die Warmblüter durch eine besonders große Zahl von roten Blutkörperchen aus. Unser Blut z. B. enthält im Kubikmillimeter etwa 5 Millionen davon.

Ist denn aber diese Heizung des Körpers wirklich ein so großer Gewinn? Um das zu erkennen, braucht man sich nur einmal die Lebensvorgänge in der Tier- und Pflanzenwelt auf ihre Beziehungen zur Temperatur hin anzusehen. Wir gehen an einem schönen Sommertage durch Wald und Feld spazieren. Schmetterlinge tänzeln über die bunten Wiesen, Bienen und Hummeln summen geschäftig von Blüte zu Blüte, Käfer hasten durch das Gras. An der Wegböschung tummeln sich die Eidechsen, munter schauen sie uns mit blitzenden Äuglein an; will man sie greifen, so verschwinden sie blitzschnell in ihren Löchern. Geh an die gleiche Stelle an einem kühlen Regentag: die Blüten sind geschlossen, kein Insekt fliegt umher, träge sitzen die Schmetterlinge mit gefalteten Flügeln unter den Blättern. Wirf einen in die Luft: mit schwerfälligem, mattem Flügelschlag wird er ein Stückchen durch die Luft taumeln und so schnell als möglich einen Ruhepunkt aufsuchen. Die muntere Eidechse bleibt dir ruhig auf der Hand sitzen, ihre Bewegungen sind langsam wie die eines plumpen Molches. Warum das alles? Weil die Wärme fehlt. Der Chemiker belehrt uns, daß alle (oder fast alle) Umsetzungen von Stoffen um so lebhafter verlaufen, je höher die Temperatur ist, wenigstens in dem Temperaturbereich, das für gewöhnlich auf der Erdoberfläche vorhanden ist. Die Eidechse kann also gar nicht schnell laufen und der Schmetterling nicht fliegen, weil die Maschine ihres Körpers bei niedriger Temperatur für derartig schnelle Bewegungen zu langsam arbeitet.

In größtem Stil zeigt das gleiche unsere Pflanzenwelt. Im Sommer Wachsen, Grünen und Blühen, im Winter völliger Stillstand. In warmen Ländern gibt's das nicht, jahraus, jahrein treibt und sprießt es im tropischen Urwald in überwältigender Üppigkeit, weil die alles belebende Wärme immer reichlich zur Verfügung steht. Wanderst du aus unserer Heimat nach Norden, so wird die Pflanzenwelt spärlicher und spärlicher: die dichten hohen Wälder verkrüppeln und schwinden, das üppige Grün der Wiesen weicht einem niedrigen Überzug von Moosen und Flechten, nur für kurze Zeit lockt die Sommerwärme wenige Arten von Blütenpflanzen hervor; endlich hört der Pflanzenwuchs ganz auf. In der gleichen Gegend aber tummelt sich der Lappe mit seinen Renntieren, baut der Eskimo seine Schneehütte am Rande des ewigen Eises, streifen Polarfüchse und Eisbären und erfüllen Millionen von Vögeln Luft und Wasser mit brausendem Leben. Warum? Weil ihre innere Heizung die Lebensmaschine betriebsfertig erhält, weil ihr warmes Blut sie unabhängig macht von der Temperatur der Umgebung. Und das gleiche in unserem Winter: all das bunte Treiben der Kaltblüter schwindet; zwischen Steinen, unter Laub und Baumrinde, in Erdhöhlen liegen sie im Winterschlaf und warten auf die belebende Sonne des Frühlings. Aber die Warmblüter schweifen munter umher in ihrem dichten Pelz- oder Federkleid, trotz Eis und Schnee.

Die Erfindung der Dauerheizung bedeutet also eine mächtige Erweiterung des Lebensraumes für die Tierwelt. Aber damit ist's nicht allein getan.

Denke dir eine moderne Fabrik mit genau geregeltem Arbeitsgang am laufenden Band. Von den verschiedensten Seiten kommen selbsttätig die Werkstücke angerollt, an jedem Arbeitsplatz ist eine genau vorgeschriebene Zeit für einen Handgriff. Alles hängt davon ab, daß an jeder Stelle die richtige Menge Werkstoff in der richtigen Zeit verarbeitet und weitergegeben wird. Nun stelle dir vor, daß die Maschinen, die diesen Arbeitsgang kontrollieren, in ihrem Tempo abhängig sind von der Temperatur. Solange sie davon gleichmäßig beeinflußt werden, macht das nicht viel aus, dann geht's eben in der Wärme schneller, in der Kälte langsamer, aber es klappt doch alles. Wie aber, wenn die eine Maschine durch die Wärme stärker beschleunigt wird als die andere? Dann muß ein heilloses Chaos entstehen. Hier überstürzt sich die Zufuhr, die Werkstücke drängen und stoßen sich, dort wieder stehen die Arbeiter müßig, denn nur langsam und tropfenweise kommt ihr Werkstoff heran. Soll da etwas Brauchbares geschafft werden, so muß dauernd umgeschaltet, hier gebremst, dort angetrieben werden, in tausenderlei Reibungen und Störungen wird Zeit und Kraft vertan, und was herauskommt, ist lange nicht so vollkommen, wie bei gleichmäßigem Arbeitsgang.

Ungefähr so liegen die Verhältnisse im Organismus. Unser Stoffwechsel ist ja ein verwickelter Fabrikbetrieb mit unzähligen Laboratorien, den Zellen, für die chemischen Arbeiten, Verbindungsgängen, Aufzügen, Seilbahnen, Filterpressen für den Transport der Werkstücke von Arbeitsplatz zu Arbeitsplatz. Nun lehrt die Erfahrung, daß alle stofflichen Vorgänge, chemische wie physikalische, von der Temperatur beeinflußt werden, aber in verschiedenem Grade. Während chemische Umsetzungen im allgemeinen gerade doppelt so schnell gehen, wenn die Temperatur um 10^0 steigt, ist bei physikalischen Vorgängen die Beschleunigung meist wesentlich geringer. Erwärmt sich also der Körper von 20 auf 30°, so arbeiten seine Laboratorien doppelt eifrig, aber die physikalischen Apparate kommen nicht mit. Chemisch erzeugte Stoffe etwa, die durch Filtrieren getrennt werden sollen, häufen sich an; sie können dann in unerwünschter Weise aufeinander einwirken, und der weitere Betrieb wird dadurch in ganz falsche Richtung gebracht.

Ich brauche das Bild wohl nicht in weiteren Einzelheiten auszuführen, du siehst deutlich, welch ungeheuren Vorteil es bringt, wenn durch stets gleichmäßige Temperatur ein reibungsloser Betriebsgang gewährleistet wird. Daher auch die außerordentliche Sorgfalt, mit der die Warmblüter ihre Körpertemperatur auf den Grad genau einzustellen bemüht sind: daher das dünne Sommerfell und der dicke Winterpelz, daher bei uns Menschen der geringere Appetit und die Pflanzenkost im Sommer, der größere Hunger und die reichere Fleisch- und Fettnahrung im Winter, weil Fett mehr Verbrennungswärme liefert als Kohlehydrate. Daher die Trägheit in der Hitze und der Bewegungsdrang in der Kälte, denn Muskelarbeit erzeugt Wärme; daher die Gänsehaut bei plötzlicher Abkühlung, denn sie setzt Hunderttausende kleiner Hautmuskelchen in Tätigkeit. Daher das Schwitzen in der Wärme, um durch Verdunstung auf der Haut Abkühlung zu erzeugen, umgekehrt das Blaßwerden der Haut bei Kälte, um das Blut auf seinem Kreislauf vor zu starker Wärmeausstrahlung an der Körperoberfläche zu bewahren. Vielleicht ist dir auch schon einmal aufgefallen, wie nach Abkühlung, z. B. einem Bad im Freien, die Harnausscheidung zunimmt: der Körper hat selbsttätig seine Verbrennungsarbeit gesteigert, um den Wärmeverlust auszugleichen, und die dabei entstehenden Schlacken müssen durch die Nieren fortgeschafft werden. Wohin wir blicken, bis in feinste Einzelheiten, die viel zu schwierig sind, als daß ich sie hier beschreiben könnte, ist der Betrieb gegen Änderung der Temperatur gesichert. Es ist also anscheinend viel wichtiger, daß die höchsten Tiere und der Mensch „gleichwarm" sind, gegenüber den „wechselwarmen" niederen, als daß sie „warmblütig" sind. Dennoch ist natürlich die Wärme an sich ein großer Vorteil, wie wir oben gesehen haben. Warum haben sich dann aber die Tiere gerade auf 36—40° eingestellt, wenn der Betrieb mit zunehmender Wärme immer besser läuft? Der Grund dafür liegt in der besonderen physikalischen Beschaffenheit der organischen Stoffe, besonders der Eiweiße. Sie befinden sich in den Zellen in einem eigentümlichen Verteilungszustand, einer gallertartigen Durchmischung mit dem Lösungswasser. Du kannst solche Eiweißlösung sehr schön sehen, wenn du ein frisches Hühnerei aufschlägst; nach seinem „Eiweiß" haben ja all die verwandten Stoffe ihren Namen. Und du weißt auch, was geschieht, wenn du dies Eiweiß erwärmst: es wird zu einer festen Masse, es „gerinnt". Diese Gerinnung tritt nun bei den meisten Eiweißen bei Erwärmung ein und es hat sich gezeigt, daß bei vielen Eiweißen des tierischen und menschlichen Körpers diese Gerinnungstemperatur dicht oberhalb 40° liegt. Solches geronnenes Eiweiß verliert nun seine Arbeitsfähigkeit im Stoffwechsel, es ist „tot". Daher die bekannte große Gefahr, wenn bei Krankheiten das Fieber über 40° steigt. Die Tiere sind also in der Beheizung ihres Körpers bis dicht an die Grenze gegangen, die ohne Gefahr dauernd zu ertragen ist.

9. Die Reizleitung und das Nervensystem.

Wenn wir nun einen Einblick in das verwickelte und fein durchkonstruierte Getriebe eines vielzelligen Organismus gewonnen haben, so erhebt sich die weitere Frage: Wie wird denn nun dieses Getriebe gesteuert? Damit alles seinen richtigen Gang geht, ist es ja unbedingt notwendig, daß die Tätigkeit der Einzelzellen sinnvoll auf die der anderen abgestimmt wird. Jeder Einzelteil darf nicht automatisch auf Grund der in ihm aufgesammelten Betriebsstoffe und Kräfte arbeiten, sondern er muß Art und Rhythmus seiner Tätigkeit mit den Vorgängen in seiner Umgebung in Einklang bringen. Physikalische und chemische Veränderungen der Nachbarzellen oder auch der Umgebung des gesamten Lebewesens müssen den einzelnen Zellen irgendwie zur Kenntnis gebracht werden, damit sie sich danach richten können. Wir bezeichnen die Summe aller dieser Veränderungen als „Reize", können unsere Frage also auch so ausdrücken: Wie erhalten und verwerten im vielzelligen Organismus die Einzelzellen die für sie notwendigen und wichtigen Reize?

Wir wissen bereits von früheren Betrachtungen her, daß die einzeln lebende Zelle Reize aufnehmen und verwerten kann. Das Wechseltierchen, das seine Fortsätze bald ausstreckt, bald einzieht, auf einen Gegenstand zukriecht oder sich von ihm abwendet, muß zu diesen Bewegungen durch den Einfluß der Umgebung veranlaßt werden. Das Protoplasma jeder Zelle muß also reizempfänglich sein und zugleich die Fähigkeit haben, diesen Reiz durch die Zelle fortzuleiten. Reizbarkeit ist eine Grundeigenschaft der Lebenssubstanz. Wenn im mehrzelligen Organismus zwei Zellen nebeneinander liegen, so ist es demnach selbstverständlich, daß eine Veränderung in der einen auf die andere als Reiz wirken kann. Es brauchen dazu gar keine besonderen Einrichtungen vorhanden zu sein.

Vielleicht hast du einmal im Warmhaus eines botanischen Gartens Gelegenheit gehabt, eine Mimose, die sogenannte Sinnpflanze, zu sehen. Ein Bäumchen mit Fiederblättchen etwa in Form und Größe unserer Akazienblätter. Berührt man die Spitze eines Fiederblattes, so sieht man, wie nach kurzer Zeit die obersten Blättchen sich an ihren Stielchen gegen die Blattmitte neigen, so daß ihre Spreiten zusammenklappen. Kurz darauf machen die folgenden Blättchen die gleiche Bewegung. War der Reiz stark genug, so sind sehr bald alle Fiederchen eines Blattes zusammengelegt. Nun sieht man, wie das ganze Fiederblatt sich mit seinem Stiel gegen den Zweig bewegt und aus der ursprünglich wagrechten Stellung sich gegen den Boden senkt. Nach einiger Zeit kann das Nachbarblatt, ohne daß wir es berührt haben, das gleiche tun, und es hängt nur von der Stärke des Reizes ab, wie viele Blätter in Mitleidenschaft gezogen werden (Abb. 57). Ich werde nie den merkwürdigen Eindruck vergessen, als ich in den Tropen durch ein Mimosendickicht streifte und beim Umsehen bemerkte, wie auf meiner Spur sich alle berührten

Zweige wie zum Schlafe geschlossen und gesenkt hatten. Beobachtet man nun die Pflanze weiter, so sieht man, wie sich nach einiger Zeit die Stengel wieder aufrichten und die Fiederblättchen öffnen; nach 15—30 Minuten ist alles wie zuvor. Untersucht man das Gewebe unter dem Mikroskop, so findet man keinerlei Einrichtung, die besonders für die Reizleitung bestimmt wäre. Durch die lange Kette der Zellen, gleichsam von Hand zu Hand geht der Reiz, wird dabei allmählich schwächer und schwächer und verklingt schließlich. So wie hier die Mimose den Berührungsreiz, so leiten grund-

Abb. 57. Ein Zweig der Sinnpflanze.
Blätter zum Teil infolge Berührung zusammengefaltet.

sätzlich alle Pflanzen ihre Reize. Auch die Pflanzen sind nämlich durchweg reizbar, nur bemerken wir für gewöhnlich wenig davon, weil sie sich nur wenig und langsam bewegen — und Bewegungen sind die Erscheinungen, an denen wir die Reizwirkungen am leichtesten erkennen können. Eben weil die Pflanze sich bei ihren Reizbeantwortungen Zeit nehmen kann, hat sie es auch nicht zur Ausbildung besonderer Organe für diese Zwecke gebracht. Bei den beweglicheren Tieren liegen die Dinge ganz anders. Schon beim Süßwasserpolypen fanden wir besondere Zellen, deren Hauptaufgabe die Reizleitung war, die „Nervenzellen". Ihr Bau stimmt mit dieser Leistung sehr gut überein. Der Zellkörper ist klein und vieleckig, und von jeder Ecke geht ein langer Fortsatz aus. Die Fortsätze dieser einzelnen Nervenzellen legen sich eng aneinander, und so entsteht unter den übrigen Zellen auf der Stützlamelle ein Nervennetz. Kommt nun von einer Zelle, z. B. einer Sinneszelle, die mit ihren Ausläufern mit den Nervenzellen in Verbindung steht, ein Reiz in dieses Netz, so wird er darin von Zelle zu Zelle nach allen Seiten weitergegeben. Er braucht dann aber, um von einem Ende des Tieres zum anderen zu gelangen, längst nicht so viele einzelne Stationen zu durchlaufen. Dadurch wird also die Reizleitung hier wesentlich beschleunigt.

Diese Erfindung des Nervennetzes erweist sich nun für die Tierwelt sehr bedeutungsvoll; aus ihr sind die Nervensysteme aller höheren Tiere hervorgegangen. Der Süßwasserpolyp ist selbst noch ein wenig bewegliches Tier, der mit einfachen Mitteln auskommen kann. Bei ihm ist daher das Nervennetz noch recht gleichmäßig, nur sind an den Fangarmen und am Mund, wo der Körper von den meisten Reizen getroffen wird, die Maschen des Netzes etwas enger. Bei den im Meere lebenden Verwandten der Hydra, den Quallen, geht die Entwicklung nun einen Schritt weiter (Abb. 58). Sie besitzen am Rande ihrer Glocke in regelmäßigen Abständen Sinneskörper. Die von dort ausgehenden Erregungen sind von besonderer Bedeutung, da von ihrem Zusammenwirken die Muskelbewegung des Schirmes und des Magenstieles abhängig ist. Daher müssen sie untereinander durch besonders gute Leitung verbunden sein. Das Nervennetz löst diese Aufgabe, indem sich parallel zum Rande seine Maschen ganz lang ziehen. Dadurch entstehen eine Anzahl dicht nebeneinander her laufender fast gerader Leitungsbahnen, ein Ringnerv. Natürlich hängt er an seinen Nervenzellen mit den Maschen des übrigen Netzes zusammen. Eine Erregung, die von einem Sinneskörper ausgeht, wird sich demgemäß durch das ganze Netz fortpflanzen, aber auf den langen Bahnen des Ringnerven wird sie am schnellsten in einer Richtung vorwärts kommen. Ein Versuch kann uns am besten über die eigentümliche Arbeitsweise eines solchen Nervennetzes belehren, leider läßt er sich nur an im Meere lebenden Tieren anstellen. Wenn man eine größere Qualle fängt, so kann man ihr den Randteil des

Schirmes wie ein breites Band ringsum abschneiden; seine Muskeln ziehen sich mit regelmäßig pumpenden Bewegungen zusammen, wie beim unverletzten Tier. Schneidet man alle Sinneskörper ab, so steht die Bewegung still, läßt man aber nur einen einzigen daran, so geht sie fort. Nun kann man das Ringband von oben und unten einkerben, so daß es sich auseinanderziehen läßt, wie eine Ziehharmonika. Dennoch arbeiten die Muskelfasern noch immer weiter. Das ist nur dadurch

Abb. 58. Nervennetz einer Qualle.

möglich, daß die vom Sinneskörper ausgehenden Reize noch immer alle Teile erreichen, denn so lange auch nur eine schmale Brücke zwischen den Einkerbungen bestehen bleibt, sind noch Maschen des Nervennetzes erhalten. Wir sehen also, daß ein solches Nervennetz die Gewähr bietet, daß Reize, die von einem Punkt ausgehen, überall hingelangen. Aber natürlich geht es auf diesen Zickzackwegen langsamer als auf gerader Bahn. Je mehr es auf Schnelligkeit der Bewegung ankommt, desto wichtiger wird es naturgemäß, die Verbindung zwischen den Hauptpunkten des Körpers möglichst kurz zu machen. Daher sehen wir von den Würmern an, wenn sich der zweiseitig symmetrische Körper herausbildet, sich aus dem Nervennetz eine Anzahl von Längsstämmen entwickeln (Abb. 61 a). Der Kopf wird der wichtigste Reizempfänger, von ihm aus müssen sie möglichst schnell den Bewegungsorganen des ganzen Körpers zugeleitet werden. Diese Längsstämme übernehmen die Hauptleitung, von ihnen aus strahlen die Reize dann ringsum in das Nervennetz ein. Umgekehrt kann natürlich auch ein Reiz, der irgendwo am Körper einwirkt, auf kürzestem Wege dem Kopf zugeleitet werden, wenn er erst einmal einen der Längsstämme erreicht hat.

Die weitere Entwicklung ergibt sich nunmehr ganz zwangsläufig. Das alte Nervennetz schwindet für die Leistungen, bei denen es auf Schnelligkeit ankommt, mehr und mehr. Seine Zellen drängen sich alle in den Hauptsträngen zusammen. Die Verbindung mit der übrigen Körpermasse, besonders der Haut mit ihren Sinnesorganen einerseits, der Muskulatur andererseits wird aufrecht erhalten durch lange Ausläufer, die einheitlich, ohne Zwischenstation, die ganze Strecke durchziehen. So bildet sich der Gegensatz zwischen den Nervenzentren und den außenlaufenden (peripheren) Nervenbahnen. Die „Nerven", die unseren Körper durchziehen, enthalten also im allgemeinen keine Nervenzellen, sondern nur ihre Ausläufer, die Nervenfasern. Wenn mich also etwa „der Schuh drückt", so wird dieser auf Tastzellen meines Fußes ausgeübte Reiz durch einheitliche lange Nervenfasern bis zum Rückenmark weitergeleitet, ohne daß dazwischen irgendwelche Zellen eines Nervennetzes geschaltet wären. Damit hört natürlich auch weitgehend die Möglichkeit auf, daß Reize von irgendeiner Stelle auf mannigfaltigen Wegen weitergeleitet werden. Die Teile des Nervensystems spezialisieren sich, jeder „Nerv" bekommt eine ganz bestimmte Aufgabe, er versorgt irgendeine Muskelgruppe oder ein Sinnesorgan. Wird unser Hörnerv durchschnitten, so sind wir auf dem entsprechenden Ohr taub, sind die Armnerven verletzt, so ist der Arm lahm. Je nach den Aufgaben können wir sensible Nerven unterscheiden, welche Sinneseindrücke zum Zentrum hinleiten und andererseits motorische, welche den Bewegungsantrieb vom Zentrum zu den Muskeln befördern. Jeder unserer „Nerven" besteht aus zahlreichen nebeneinander herlaufenden Fasern, die zu verschiedenen Zellen gehören; es ist also durchaus möglich, daß im gleichen Bündel sensible und motorische Fasern vorhanden sind, doch überwiegt meist die eine oder andere Art entscheidend.

Die Nervenzellen, die sich aus dem größten Teil des Körpers zurückziehen, drängen sich im Zentrum dafür um so enger zusammen. Das hat natürlich auch seinen Vorteil, denn dadurch kommen die Ausläufer der Einzelzellen auf kürzestem Wege mit den Nachbarzellen zusammen, und der Reiz kann schnell weitergegeben werden. Trifft z. B. ein Reiz unsere Fingerspitze, so wird er sofort ins Rückenmark geleitet. In der Nähe der Empfangszellen liegen dort die Antriebszellen für die Armmuskeln; der Reiz wird ihnen auf kürzestem Wege zugeleitet, und die Erregung fließt in den Arm zurück und setzt die entsprechenden Muskeln in Bewegung. Wir wissen alle aus Erfahrung, wie blitzschnell sich ein solcher „Reflex" abspielen kann, etwa wenn wir uns gestochen oder verbrannt haben.

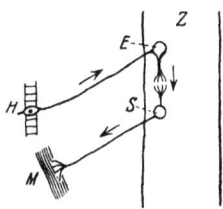

Abb. 59. Schema eines Reflexes. *H* Haut; *Z* Zentrum; *M* Muskel; *E* Empfangszelle; *S* Sendezelle. Die Pfeile geben die Richtung des Reizverlaufs an.

Diese außerordentliche Beschleunigung ist der eine wichtige Vorteil der neuen Einrichtung. Er wird einmal dadurch erreicht, daß die Zahl der Nervenzellen, die der Reiz durchlaufen muß, möglichst herabgesetzt wird. Nach allem, was wir wissen, scheint gerade die Übertragung von einer Zelle zur anderen verhältnismäßig viel Zeit zu verschlingen, je weniger also, desto besser. Andererseits wird die Fortleitung in den Zellausläufern, den Nervenfasern, immer schneller, je feiner die Apparatur ausgearbeitet wird. Das Plasma der hoch spezialisierten Nervenzellen der höheren Tiere erlangt die Fähigkeit, Reize sehr viel schneller zu leiten, als das der niederen Formen. Es ist ja nur natürlich, daß wir auch bei diesem Organsystem die Vervollkommnung durch Spezialisierung finden. Um welche Unterschiede es sich dabei handelt, lehren am besten ein paar Zahlen. Die Leitungsgeschwindigkeit, d. h. die Strecke, die der Reiz in einem Nerven in der Sekunde zurücklegt, beträgt bei der

Teichmuschel	1 cm
Hecht, Riechnerv	20 cm
Meeresschnecken	40 cm
Tintenfischen	100 cm
Hummer	1000 cm
Frosch bei 8,5°	1630 cm
Frosch bei 18,5°	2860 cm
Mensch	12 000 cm

Wir sehen aus dieser Tabelle, nebenbei bemerkt, an den Werten für Frosch und Mensch deutlich den großen Einfluß der

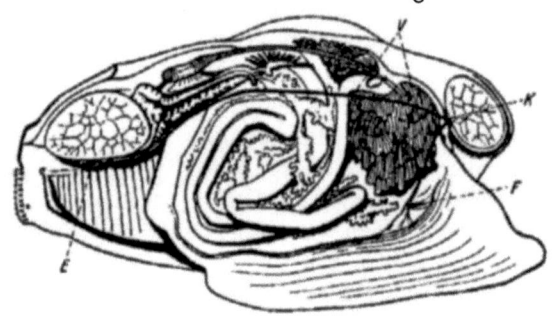

Abb. 60. Nervensystem einer Muschel.
K Kopfknoten; *F* Fußknoten; *E* Eingeweideknoten; *V* Verbindungsstränge

Temperatur. Die Leitungsgeschwindigkeit beim Menschen von 120 m in der Sekunde ist so groß, daß selbst auf die längsten Wege nur kleine Bruchteile einer Sekunde kommen, wir sind also in der Lage, auf einen Reiz fast augenblicklich mit einer Bewegung zu antworten.

Die Einführung der direkten Leitung hat aber noch einen zweiten wesentlichen Vorteil, Kraftersparnis. Wenn die Leitung nach allen Seiten durch ein Nervennetz ginge, so würde der weit überwiegende Teil der Reize gar nicht oder erst auf langen Umwegen die Stelle erreichen, auf die es ankommt; sie wären also praktisch nutzlos vergeudet. Ja, sie würden sogar unter Umständen schaden dadurch, daß sie Stellen in Erregung setzen, die die Sache eigentlich gar nichts angeht. Es würde überall im Körper Unruhe und Spannung verbreitet, unnötig Kräfte in Bewegung gesetzt, die dann vielleicht fehlen, wenn sie ernstlich gebraucht werden.

So ist aus der einfachen, langsam und schwerfällig von Zelle zu Zelle arbeitenden Reizkette ein Apparat geworden, der auf kürzestem Wege mit größter Beschleunigung und geringstem Kraftaufwand alle nötigen Verbindungen zwischen den Körperzellen herstellt. Es liegt tatsächlich kein Vergleich dafür näher, als der mit einer modernen Fernsprechzentrale. Draußen weit verteilt die Anschlüsse; bei Bedarf stellen sie augenblicklich die Verbindung mit dem Zentrum her, dort erfolgt beliebige Schaltung, und der Weckruf geht zu einer anderen Außenstation. Genau so wie der Verkehr in einer heutigen Großstadt ohne Fernsprecher kaum noch denkbar wäre, ist auch die Leistung eines großen Zellenstaates abhängig von einem fein organisierten Nervensystem.

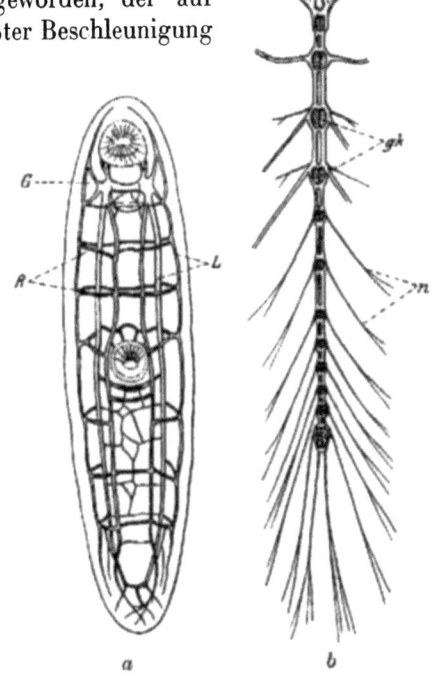

Abb. 61. Nervensystem.
a von einem Plattwurm; *b* von einem Insekt.
G Gehirn; *L* Längsnerv; *R* Ringnerv; *gk* segmentale Nervenknoten; *n* periphere Nerven.

Dementsprechend finden wir dies auch bei allen höheren Tieren, wenn auch in abgestufter Ausbildung. Am niedrigsten steht es bei den Weichtieren, ganz natürlich, denn Schnecken und Muscheln sind ja träge Tiere (Abb. 60). Sie haben im allgemeinen 3 Paare von größeren Nervenknoten, einen im Kopf, einen im Fuß und einen im Eingeweidesack. Jeder versorgt das umgebende Gebiet mit Nerven, und die drei Zentren sind untereinander durch lange Stränge verbunden. Wesentlich vollkommener ist die Organisation bei den Ringelwürmern und den von ihnen abgeleiteten Gliederfüßern (Abbildung 61b). Dort laufen dicht nebeneinander in der Mitte der Bauchseite zwei Nervenstränge, die sich in jedem Körperring zu einem Knoten erweitern, der die Nervenzellen enthält. Diese Knoten stehen untereinander quer in Verbindung, so daß im Schema ein sehr bezeichnendes Bild entsteht, nach dem diese Konstruktion auch „Strickleiternervensystem" genannt wird. Nach ihrer Lage, die auch gut auf der Abb. 44 zu erkennen ist, heißt sie auch Bauchmark im Gegensatz zum „Rückenmark" der Wirbeltiere. Dies ist grundsätzlich ganz ähnlich aufgebaut, nur sind in ihm die Nervenzellen nicht in Knoten zusammengeschlossen, sondern gleichmäßig über die ganze Länge verteilt, und es läuft auf der Rückenseite, eingeschlossen in einen Kanal der Wirbelsäule. Bauchmark wie Rückenmark setzen sich bis in den Kopf fort, und dort liegt ein besonders zellreicher Nervenknoten, das Gehirn. Seine Entwicklung ist zunächst dadurch bedingt, daß am Kopf die großen Sinnesorgane, Augen, Ohren und Nase sich herausbilden. Von ihnen gehen besonders zahlreiche und wichtige Reize aus, die natürlich in der Zentrale eine entsprechend große Zahl von Schaltstationen beanspruchen. Zu dieser Tätigkeit als Hauptsinneszentrum erhält das Gehirn aber allmählich noch weitere entscheidend wichtige Aufgaben, wie wir bald sehen werden.

10. Die chemische Zentralisation.

Jeder, der lebende Pflanzen im Zimmer gehalten hat, weiß, daß sich ihre wachsenden Teile nach dem Fenster hin krümmen. Das Licht, das sie suchen, muß also einen Einfluß auf das Wachstum haben. Genaue Untersuchungen haben nun klargemacht, in wie merkwürdiger Weise dies geschieht.

Wenn man Keimpflanzen von Gräsern, z. B. vom Hafer, oder auch Sporenträger von Pilzen bei allseitiger Beleuchtung hält, so wachsen sie senkrecht nach oben. Stellt man sie aber unter eine dunkle Glocke, die nur an einer Seite ein Fenster hat, so krümmen sie sich dem Licht entgegen (Abb. 62). Bringt man sie unter eine lichtdichte Glocke, die an einer Seite ein Schiebefenster hat, und öffnet den Schieber für einen kurzen Augenblick, so beobachtet man, daß bis zum nächsten Tag in voller Dunkelheit alle Keime sich nach der Seite des Schiebers gekrümmt haben. Das Licht hat also einen Reiz ausgeübt, der in den wachsenden Teilen eine Veränderung ausgelöst hat, die zu einer Krümmung führt.

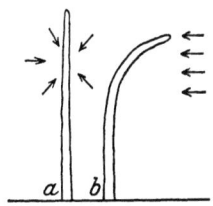

Abb. 62. Wachstum von Keimpflanzen. *a* allseitig; *b* einseitig belichtet.

Sorgfältige Versuche ergaben nun weiter die Tatsache, daß es nicht die wachsenden Teile selbst sind, die den Reiz aufnehmen, sondern die äußerste Spitze des Keimlings (Abb. 63 a—f). Deckte man die Spitze durch eine schwarze Hülse ab (a) und belichtete

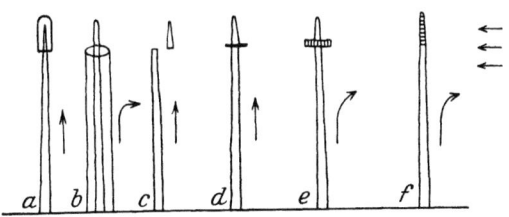

Abb. 63. Wachstum von Keimpflanzen unter verschiedenen Bedingungen. Die senkrechten Pfeile geben die Wachstumsrichtung an, die wagrechten rechts die Richtung der Lichtstrahlen. Weitere Erklärung im Text.

nur die Strecke unterhalb, in der das Wachstum stattfindet, so erfolgte keine Krümmung, legte man umgekehrt die Spitze bloß (b) und verdunkelte die Wachstumszone, so krümmte sich der Keim. Der unabweisliche Schluß daraus war, daß von der Reizstelle, der Spitze, aus der Reiz nach der Wachstumszone weitergeleitet werden muß. Das wäre zunächst nichts Wunderbares, wenn wir an unsere Erfahrungen mit der Mimose denken. Aber weitere Versuche ergaben etwas sehr Merkwürdiges. Trennt man die belichtete Keimspitze kurz nach der Belichtung von der Wachstumszone ab (c), so erfolgt keine Krümmung. Legt man an der Schnittstelle eine Papierscheibe dazwischen (d), so erfolgt gleichfalls nichts. Nimmt man aber statt dessen eine durchlässige Scheibe, z. B. eine dünne Korkplatte (e), so erhält man eine Krümmung. Ja man kann sogar einen Keimling belichten und seine Spitze auf die Wachstumszone eines anderen Keimes setzen (f), der gar nicht vom Lichte getroffen ist, auch dann erfolgt in ihm eine Krümmung! Wie sollen wir uns das erklären? An der Trennungsstelle findet überhaupt keine Berührung der Zellen mehr statt, eine Reizübertragung, wie wir sie bei uns bei der Sinnpflanze vorgestellt hatten, ist also ausgeschlossen. Wenn aber eine Wirkung eintritt, falls die beiden Stücke durch eine für Flüssigkeiten durchlässige Scheidewand getrennt sind, so können wir uns wohl vorstellen, daß Stoffe besonderer Art von der Reizstelle zur Wachstumszone wandern und dort die Tätigkeit der Zellen beeinflussen. Es müssen hier also durch die Einwirkung des Lichtes „Reizstoffe" entstehen, die dann weiterwandern und an empfänglicher Stelle ihre Wirkung ausüben.

Diese Tatsachen geben uns ein Beispiel für eine Reizübertragung ganz anderer Art, nämlich auf chemischem Wege. Eine Zelle oder Zellgruppe erzeugt einen spezifischen Stoff, sei es auf äußeren Reiz hin oder aus inneren Ursachen, und dieser Stoff breitet sich in der Umgebung aus und beeinflußt das Verhalten anderer Zellen in charakteristischer Weise. Beziehungen dieser Art zwischen den verschiedenen Teilen der Pflanze haben sich, seit man darauf zu achten gelernt hat, zahlreich gefunden. Die häufige Erscheinung beispielsweise, daß in einer Blüte die Blumenblätter welken, wenn die Narbe bestäubt ist, sich aber weit länger halten, wenn keine Befruchtung stattfindet, kann doch wohl nur so gedeutet werden, daß durch den Vorgang bei der Vereinigung der Keimzellen im Fruchtknoten Stoffe gebildet werden, die ihrerseits wieder das Wachstum der Blumenkrone beeinflussen.

Das gleiche wie für die Pflanzen gilt auch für die Tiere.

Hier ist die Verwendung solcher Reizstoffe noch viel besser zu verstehen, denn hier bietet sich für ihre Verteilung ein treffliches Mittel, das Blut. Die Zellen brauchen ihre Erzeugnisse nur in die sie umspülende Flüssigkeit abzugeben, dann müssen sie mit dem Blut durch den ganzen Körper getragen werden und können an geeigneter Stelle ihre Wirkung ausüben. Das Gebiet der chemischen Fernwirkung im Organismus, auf dem wir uns hier befinden, ist in den letzten Jahrzehnten Gegenstand eifriger Forschung gewesen und hat überraschende Ergebnisse gezeigt.

Wahrscheinlich hast du im Frühjahr schon einmal in Gräben oder Tümpeln Froschpärchen beobachtet. Das kleinere Männchen umklammert vom Rücken her mit den Vorderbeinen den Leib des Weibchens, und man kann die Tiere lange in dieser Stellung im Wasser liegen oder herumschwimmen sehen. Betrachtet man ein solches Männchen genauer, so findet man am Daumen eine dicke runzlige Schwiele, die dazu dient, das Festhalten an der glatten Haut des Weibchens zu erleichtern (Abb. 64). Im Sommer, nach der Paarungszeit, ist von der Schwiele kaum etwas zu bemerken. Entfernt man nun einem Froschmännchen durch Operation die Keimdrüsen, so bekommt es zur Paarungszeit keine Daumenschwielen. Pflanzt man aber an irgendeiner geeigneten Stelle des Körpers die Keimdrüse eines anderen Männchens ein und sie wächst an, so bilden sich auch die Daumenschwielen, und es umklammert das Weibchen ganz wie in normaler Weise. Ja, zerdrückt man zur Paarungszeit die Keimdrüsen eines Männchens und bringt den Saft unter die Haut eines anderen Tieres, dem die Keimdrüsen entfernt sind, so erwacht auch in ihm der Um-

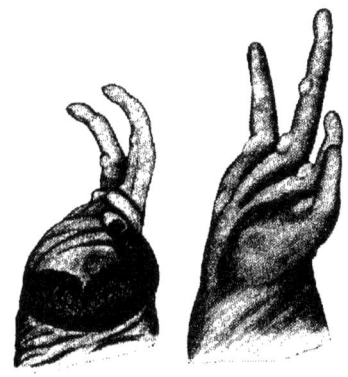

Abb. 64. Daumenschwielen in der Hand des Frosches.
Links Männchen, rechts Weibchen.

klammerungstrieb. Es muß also in den reifen Keimdrüsen ein Stoff gebildet werden, der bei seiner Verteilung durch das Blut andere Organe zu einem besonderen Wachstum anregt und auch das Nervensystem so beeinflußt, daß besondere Tätigkeiten hervorgerufen werden. Die auffälligen Verschiedenheiten, die wir an Größe, Form und Färbung zwischen Männchen und Weibchen der gleichen Tierart so häufig beobachten können, die sogenannten sekundären Geschlechtsmerkmale, werden offenbar durch Stoffe hervorgerufen, die in den Keimdrüsen gebildet werden. Denn wenn man diese entfernt, so bleiben die Veränderungen aus. Diese Stoffe werden aber erst gebildet, wenn die Keimdrüsen reif werden. Wir kennen ja vom Menschen her diese Erscheinung gut genug, wie zu dieser Zeit der Stimmwechsel eintritt, der auf einem besonderen Wachstum des Kehlkopfs beruht, wie der Bart sich entwickelt und anderes mehr. Die Fähigkeit zu dieser Entwicklung ist ja natürlich im männlichen Geschlecht von vornherein vorhanden, wir sehen also gerade an diesem Beispiel sehr gut, wie diese Stoffe gleichsam nur den Anstoß geben, um diese bestimmte Wachstumsart in Gang zu bringen. Man hat ihnen danach in der Wissenschaft den Namen „Hormone" gegeben, der von einem griechischen Wort hergeleitet ist, das bedeutet: „in Bewegung setzen".

Der Einfluß dieser Hormone der Keimdrüsen ist bei den Wirbeltieren sehr groß, das gesamte Wachstum, besonders Skelett und Muskeln werden davon betroffen. Dabei wirken die männlichen und weiblichen Keimdrüsen in gewissem Sinn entgegengesetzt. Man kann also ein Tier dadurch, daß man ihm in der Jugend die Keimdrüsen entfernt und die des anderen Geschlechts einpflanzt, in seiner Entwicklung umstimmen, ein Männchen zum Weibchen machen und umgekehrt. Natürlich nicht vollständig, denn eine normale Geschlechtsleistung ist unmöglich, aber in der Erscheinung und im Benehmen zeigen solche umgestimmte Tiere sehr auffällig die Merkmale des ihnen aufgezwungenen Geschlechts.

Doch finden wir solche hormonale Beeinflussung keineswegs bei allen Tieren. Entfernt man z. B. einer jungen Raupe die Anlagen der Hoden oder der Eierstöcke, so entwickelt sich das Tier völlig normal weiter, und aus der Puppe schlüpfen Schmetterlinge, die äußerlich von den gewöhnlichen Männchen oder Weibchen nicht zu unterscheiden sind. Auch eine Einpflanzung der Keimdrüsen des anderen Geschlechtes bleibt hier ohne jede Wirkung.

Bei den Wirbeltieren kennen wir noch ein anderes Hormon, das einen sehr eigentümlichen Einfluß auf die Geschlechtsleistungen hat. Bei den Säugetieren entwickeln sich bekanntlich die Eier im mütterlichen Körper in einer besonderen Erweiterung des Geschlechtsweges, der Gebärmutter. In ihr setzt sich das aus dem Eierstock kommende junge Ei fest, und während es heranwächst, vergrößert sich die Gebärmutter und verdickt ihre Muskelwandung, um das junge Lebewesen, wenn es zur Geburt reif ist, ausstoßen zu können. Im Eierstock bleibt von dem freigewordenen Ei eine Art Wunde zurück. Wird das Ei nicht befruchtet, so vernarbt sie schnell, tritt aber Befruchtung ein, so entwickelt sich daraus eine Verdickung, der sogenannte gelbe Körper. Dieser scheidet nun seinerseits einen Stoff aus, der unbedingt für das Wachstum der Gebärmutter notwendig ist. Entfernt man nämlich einem trächtigen Tier den Eierstock oder auch nur den gelben Körper, so hört das Wachstum der Gebärmutter auf, und der sich entwickelnde Keim geht zugrunde und wird ausgestoßen. Der ganze Entwicklungsprozeß wird hier also aus der Ferne durch einen ins Blut abgeschiedenen Stoff geleitet. Während er aber auf das Wachstum der Gebärmutter fördernd wirkt, hemmt er gleichzeitig die Tätigkeit des Eierstocks, so daß während der Trächtigkeit keine neuen befruchtungsfähigen Eier gebildet werden.

Du kennst die Kaulquappen unserer Frösche und Kröten und weißt, daß sich aus diesen geschwänzten, beinlosen, durch Kiemen atmenden Tieren im Laufe des Sommers die kleinen vierbeinigen, schwanzlosen, durch Lungen atmenden Frösche herausbilden, die das Wasser verlassen und an den feuchten Wald- und Wiesenstellen herumhüpfen. Es wird dir also klar sein, daß bei dieser Entwicklung sehr weitgehende Umgestaltungen des ganzen Tierkörpers eintreten müssen. Auch diese stehen nun, wie Versuche gezeigt haben, unter der Herrschaft eines Hormons. Entfernt man jungen Kaulquappen eine am Hals gelegene Drüse, die Schilddrüse, so erfolgt die Umwandlung zum Frosch nicht in der gewöhnlichen Zeit, sondern zieht sich monatelang darüber hinaus. Die Kaulquappen sind dabei ganz munter, fressen tüchtig und wachsen zu wahren Riesentieren heran. Aber sie können sich nicht verwandeln. Gibt man umgekehrt den jungen Kaulquappen Schilddrüse zu fressen, so verwandeln sie sich viel früher, gleichsam überstürzt, und es entstehen schon nach wenigen Wochen winzig kleine Fröschchen (Abb. 65). Der Stoff, der in der Schilddrüse gebildet wird, vermag also das Wachstum in der verwickeltsten Weise zu beeinflussen, hier zu fördern, dort zu

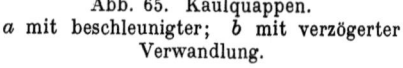

Abb. 65. Kaulquappen.
a mit beschleunigter; *b* mit verzögerter Verwandlung.

hemmen. Das Merkwürdige ist dabei, daß auch Fütterung mit Schilddrüse diese Wirkung hat. Der Stoff muß also vom Darm aus aufgenommen werden. Nach dem, was wir früher von der Verdauung gehört haben, kannst du bereits vermuten, daß es dann kein sehr kompliziert aufgebauter chemischer Körper sein kann, sonst würde er ja wohl bei der Verdauung zerlegt werden. Tatsächlich ist es gelungen, ihn aus der Schilddrüse rein zu gewinnen, und er hat sich dabei als ziemlich einfach zusammengesetzt gezeigt, ein Abkömmling einer Aminosäure, bemerkenswert durch seinen Gehalt an Jod, einem Stoff, der sonst in Lebewesen selten vorkommt. Was aber weiter auffallend ist, ist die Tatsache, daß die Schilddrüse, die man zur Fütterung nimmt, durchaus nicht vom Frosch zu stammen braucht. Sie kann von Rindern, Schweinen oder irgendeinem anderen Wirbeltier genommen sein.

Offenbar ist also in ihnen allen das gleiche Hormon enthalten. Diese Tatsache kann man sich auch für den Menschen zunutze machen, wenn man in Fällen, wo die Schilddrüse ihre normalen Funktionen einstellt, tierische Schilddrüse als Nahrungsmittel gibt. Wir kennen beim Menschen solche Schilddrüsenerkrankungen — die bekannteste ist der Kropf — und wissen, daß auch bei ihnen allerhand Wachstums- und Entwicklungsstörungen auftreten, ganz wie bei den Kaulquappen.

Vielleicht hast du einmal bei einem Bekannten oder im Zoologischen Garten Axolotl gesehen, merkwürdige Tiere, die

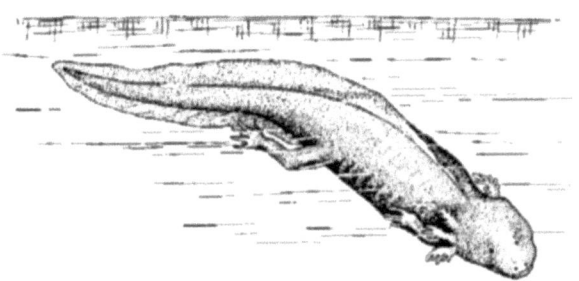

Abb. 66. Axolotl. Fortpflanzungsfähige Molchlarve.

wie große Kaulquappen aussehen. Tatsächlich sind es auch eine Art Kaulquappen eines Molches, die aber zeitlebens in diesem Larvenstadium bleiben und sich auch in dieser Gestalt fortpflanzen (Abb. 66). Ähnliches kennen wir noch von einer Reihe anderer molchartiger Tiere, so von dem berühmten Grottenolm der Karsthöhlen. Neuere Untersuchungen haben nun gezeigt, daß bei diesen Tieren die Schilddrüse sehr gering entwickelt ist oder wie beim Grottenolm ganz zu fehlen scheint. Die Tatsache, daß sie sich nicht verwandeln, läßt sich also anscheinend auf diese Weise erklären — tatsächlich ist es auch gelungen, den Axolotl durch Fütterung mit Schilddrüse in einen richtigen Landmolch zu verwandeln.

In der gleichen Richtung liegen Befunde, die man in neuer Zeit an winterschlafenden Tieren gemacht hat. Bekanntlich haben eine Anzahl Säugetiere, Igel, Murmeltiere, Haselmäuse und andere die Eigenschaft, während des Winters in einen schlafähnlichen Zustand zu verfallen. Sie verkriechen sich dann in einen vor Kälte geschützten Schlupfwinkel, fressen nicht und bewegen sich nicht, Atmung und Herzschlag verlangsamt sich außerordentlich, die Körpertemperatur sinkt tief herab. Es hat sich nun feststellen lassen, daß bei diesen Tieren im Herbst die Schilddrüse ihre Arbeit einstellt und sich zurückbildet, umgekehrt im Frühjahr vor dem Erwachen neu zu wachsen beginnt. Es scheint also, daß der fehlende Antrieb des Schilddrüsenhormons diese Herabsetzung des gesamten Stoffwechsels bedingt. Eine schöne Bestätigung dafür ist die Beobachtung, daß es gelingt, solche Tiere durch Einspritzen von Schilddrüsensaft aus dem Winterschlaf aufzuwecken.

Zahlreiche Untersuchungen haben uns darüber aufgeklärt, daß bei den Säugetieren, der in dieser Hinsicht am besten durchforschten Tiergruppe, eine Reihe von Organen vorhanden sind, deren besondere Aufgabe die Lieferung derartiger Hormone ist. Sie haben alle einen drüsigen Bau, aber die in den Drüsenzellen gebildeten Stoffe werden nicht nach außen abgegeben, sondern gelangen ins Blut. Man hat danach alle diese Organe auch als „Drüsen mit innerer Sekretion" bezeichnet. Dahin gehören vor allem neben den Keimdrüsen und der Schilddrüse der sogenannte Hirnanhang, wissenschaftlich Hypophyse genannt, und die Nebennieren. Das Hormon dieser Drüse, das Adrenalin, ist jetzt allgemein bekannt, da es heute in der Medizin viel verwendet wird. Es hat nämlich neben anderen Wirkungen besonders die, daß es die Gefäßmuskeln zum Zusammenziehen zwingt und dadurch die Gefäße verengt. Man benutzt es daher bei Operationen, z. B. beim Zahnziehen gern dazu, die betreffende Stelle möglichst blutleer zu machen. Dieses Adrenalin ist ebenfalls verhältnismäßig einfach zusammengesetzt, so einfach, daß man es sogar künstlich herstellen kann. Dies „synthetische" Adrenalin tut seine Wirkung genau wie das aus Tieren gewonnene, ein Beweis dafür, daß es sich bei diesen Hormonen nicht um eine geheimnisvolle Kraft handelt, sondern daß es ganz gewöhnliche chemische Vorgänge sind, auf denen ihre Wirkung beruht.

Sicherlich bilden aber nicht nur diese besonderen Drüsenorgane Hormone, sondern wohl noch viele andere, vielleicht alle Organe des Körpers. In letzter Zeit hat das sogenannte Insulin viel von sich reden gemacht, ein Hormon, das von bestimmten Zellgruppen der Bauchspeicheldrüse hergestellt wird und eine besondere Wirkung auf die Umsetzung des Zuckers im Körper ausübt. Ferner wissen wir, daß die Darmschleimhaut einen Stoff erzeugt, der, wenn er durch Aufsaugung ins Blut gelangt, die Tätigkeit der Bauchspeicheldrüse anregt. Vermutlich werden sich im Laufe der Forschung noch zahlreiche solche Stoffe finden, und es wird sich immer mehr herausstellen, daß das Zusammenarbeiten der Organe durch Hormone sichergestellt wird. Jedes einzelne Organ ist dabei für den Reiz der Hormone ganz verschieden empfänglich; es ist daher möglich, daß an den verschiedenen Stellen ganz verschiedene Wirkungen ausgelöst werden, obwohl doch der gleiche Stoff mit dem Blut überall hinkommt. Besonders zu beachten ist dabei, daß die einzelnen Hormonorgane stark gegenseitig aufeinander einwirken. Ein Hormon kann die Tätigkeit eines anderen Hormonorgans anregen oder hemmen, ihre Wirkung kann sich steigern oder herabsetzen. So tut sich uns allmählich ein Blick auf in einen verwickelten chemischen Steuerapparat der Lebensvorgänge, der neben der Arbeit des Nervensystems herläuft. Beide arbeiten aber auch gelegentlich zusammen, indem die Hormone die Nerven anregen und deren Antrieb dann unter Umständen wieder Hormonorgane in Betrieb setzt. Obwohl wir bisher bei den niederen Tieren von Hormonen und Hormonorganen noch wenig wissen, haben wir allen Grund, anzunehmen, daß sie auch dort eine große Rolle spielen. Vielleicht ist sogar diese chemische Steuerung das ursprünglichere und ältere Verfahren, das die Hauptrolle spielt, wenn das Nervensystem noch wenig ausgebildet ist.

11. Die Herausbildung des Individuums
2. Ordnung.

Nun sind wir endlich so weit, uns der Frage des „Ich" wieder zuzuwenden. Wenn du dir jetzt, lieber Leser, überlegst, was eigentlich das wesentliche an deinem Ich ist, so ist es wohl ohne Zweifel das Gefühl innerer Einheit, das dein ganzes Wesen zusammenhält, die Empfindung, daß alle Teile und Kräfte deines Wesens irgendwie zusammengefaßt, von irgendeiner Stelle aus einheitlich geleitet sind, und daß kein Teil ohne diese einheitliche Zentralleitung seine Leistung ordnungsgemäß ausführen kann. Oder, anders gesagt, daß alle Einzelleistungen aller Organe ihre Bedeutung und ihren Sinn im Dienst an der Erhaltung dieser Ganzheit haben, die du als deine Persönlichkeit empfindest.

Wenn du den Weg, den wir zurückgelegt haben, noch einmal überblickst, so wird es dir jetzt fast selbstverständlich erscheinen, daß diese Ganzheit der vielen einzelnen Zellindividuen erst allmählich entstanden sein kann, daß du als „Individuum" erst am Ende einer langen Kette von Entwicklungsstufen stehst, die die schaffende Natur ihre Geschöpfe hat durchlaufen lassen. Die Frage bekommt Sinn, ob dann die heute lebenden Geschöpfe auch noch Spuren dieser „Ichwerdung" erkennen lassen. Individuum heißt wörtlich, wie wir wissen, etwas, das sich nicht teilen läßt. Das erscheint für unser eigenes Ich ganz selbstverständlich; daß ein zweigeteilter Mensch in zwei Hälften weiterlebt, kommt nicht einmal im Märchen vor. Aber nun denke einmal an den Regenwurm. Wer einen Garten hat, kennt die Erfahrung, daß ein solches Tier, wenn man es beim Graben zersticht, deswegen nicht stirbt, sondern daß beide Teile höchst lebendig weiterkriechen und sich winden. Hier sind aus einem „Individuum" zwei geworden. Machen wir den Versuch etwas sorgfältiger, halten die beiden Teile unter günstigen Bedingungen, so sehen wir (Abb. 67), daß sich die Wunde bald schließt und daß nach einiger Zeit an der Schnittstelle ein kegelförmiger Zapfen hervorwächst, der länger und länger wird, sich zu gliedern beginnt und allmählich außen und innen alle die Teile ausgestaltet, die verlorengegangen waren. Denn natürlich müssen ja die fehlenden Teile ergänzt werden — wir nennen das Regeneration —, z. B. ohne Mundöffnung könnte das hintere Stück auf die Dauer nicht bestehen. Die beiden Schnittstücke schaffen sich also jedes die fehlenden Teile neu, so daß zum Schluß zwei Tiere entstehen, die vom unverletzten kaum oder gar nicht zu unterscheiden sind. Jede der beiden Schnitthälften ist hier also wieder ein „Individuum" geworden, zwar noch kein vollkommenes, denn es fehlen ja noch allerhand Teile, aber doch in der Anlage, denn jedes bringt ja die ihm fehlenden Stücke hervor. Die Organe, die im normalen Leben allezeit eine Einheit dargestellt hätten, stellen sich also um und treten in den Dienst zweier neuer Einheiten, die es in dieser Form bisher gar nicht gab.

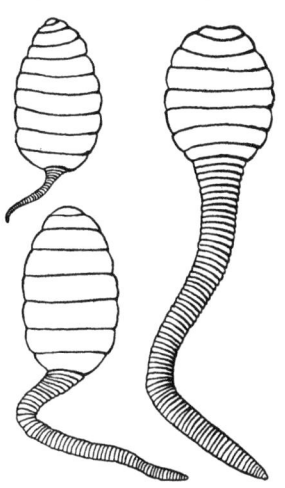

Abb. 67. Regeneration beim Regenwurm.

Bei noch einfacher gebauten Tieren geht diese Teilbarkeit noch wesentlich weiter. Es ist sehr ergötzlich zu lesen, welchen Eindruck die Beobachtung dieser Erscheinung bei unserem Süßwasserpolypen gemacht hat. In der Mitte des 18. Jahrhunderts lebte auf einem holländischen Gut ein junger Hauslehrer namens Trembley. Er benutzte die Muße, die ihm seine adligen Zöglinge ließen, zu allerhand naturwissenschaftlichen Forschungen und stieß dabei auch auf den Süßwasserpolypen. Er studierte seine Lebenserscheinungen nach allen Seiten, und es passierte ihm dabei auch einmal, daß er ein Tier in seinem Versuchsschälchen zerschnitt. Sehr lebhaft beschreibt er sein Erstaunen, wie die Teile sich zunächst zusammenzogen, sich dann aber bald wieder ausstreckten, und wie am Vorderende des Hinterstücks schon am nächsten Tage kleine Spitzen hervorwuchsen, die sich zu Fangarmen entwickelten und bald zwei völlig normale Polypen aus dem einen geworden waren.

Die Sache erschien ihm zunächst unglaublich, aber sie geschah immer wieder; er schnitt seine Polypen in drei, vier und noch mehr kleine Teile, und jeder gab einen neuen Polypen, der zunächst auch entsprechend klein war, aber bald zur normalen Größe heranwuchs, sobald er erst einmal wieder fressen konnte. Es war, wie in Goethes Zauberlehrling mit dem Zauberbesen, der auch nicht starb, wenn man ihn zerhackte, sondern zu zwei neuen Lebewesen wurde. Als Trem-

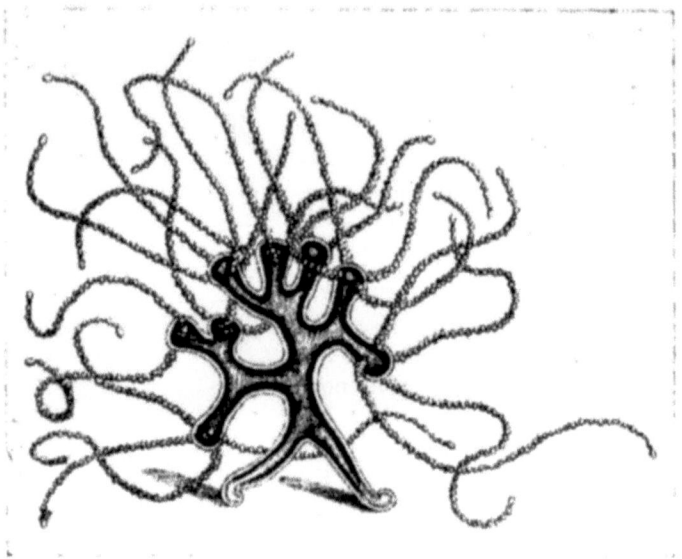

Abb. 68. Regeneration beim Süßwasserpolypen. Erklärung im Text.

bley seine Befunde veröffentlichte, machten sie ungeheures Aufsehen in der gelehrten Welt. Verschiedene Forscher machten die Versuche nach, darunter auch der treffliche Maler und Tierbeobachter Rösel von Rosenhof. Von den zahlreichen Bildern zu seiner „Geschichte der Süßwasserpolypen" geben wir hier eines wieder (Abb. 68), das einen besonders merkwürdigen Versuch zeigt. Rösel hatte einem Polypen erst den Kopf der Länge nach gespalten, später den Fuß und noch allerhand weitere Schnitte hinzugefügt. Das Ergebnis war ein wahres Untier, ein „Individuum" mit mehreren Köpfen und Füßen, die gleichwohl alle fröhlich weiter lebten und arbeiteten. Von diesen Versuchen ist der Süßwasserpolyp zu seinem merkwürdigen wissenschaftlichen Namen gekommen: du entsinnst dich vielleicht der alten griechischen Sage von der Hydra, die Herakles bei seinen Arbeiten so viel zu schaffen machte, weil für jeden Kopf, den er ihr abschlug, zwei neue nachwuchsen. Man begann dann auch alle möglichen anderen Tiere auf diese Fähigkeit hin zu untersuchen und fand eine ganze Menge, mit denen es ähnlich gut ging. Sehr berühmt geworden sind dafür die Strudelwürmer, Planarien, schwarze oder gelblichgraue platte Tiere von 1—2 cm Länge, die man in jedem Bach auf der Unterseite von Steinen finden kann. Obwohl sie schon wesentlich verwickelter gebaut sind als der Süßwasserpolyp, lassen sie sich doch auch in fast beliebig viele Teile zerstückeln, die Regenerationsfähigkeit scheint nur aufzuhören, wenn das verbliebene Material zu knapp geworden ist. Können wir in solchen Fällen überhaupt noch von einem „Individuum" reden? Es ist ja nichts weniger als unteilbar! Das, was hier im Versuch geschieht, mag in der Natur oft genug vorkommen, wenn die zarten und weichen Geschöpfe irgendwie verletzt und auseinandergerissen werden, es ist für sie ein Hilfsmittel mehr, um den Gefahren ihres Daseinskampfes zu begegnen.

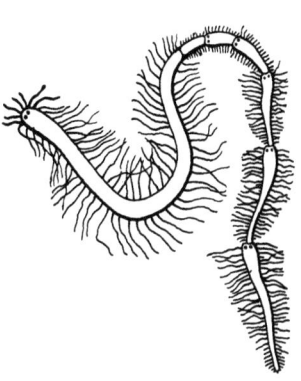

Abb. 69. Selbstteilung bei einem Ringelwurm.

Etwas noch Merkwürdigeres: manche Tiere tun das, was ihnen hier von außen aufgezwungen war, aus freien Stücken! Unter den Strudelwürmern wie in der Verwandtschaft der Regenwürmer finden wir Tiere, die sich freiwillig und gewohnheitsmäßig selbst teilen. Am Körper treten eine Reihe von Einschnürungen auf, hinter jeder solchen Stelle bildet sich ein Kopfende mit Fühlern und Augen, und nach einiger Zeit löst sich die Kette auf und jedes Teilstück schwimmt als selbständiges Individuum davon (Abb. 69). Wie in aller Welt mag das zugehen? Man kann leicht sagen: Das ist sehr nützlich, denn auf die Art werden in kurzer Zeit aus einem Tier viele, diese „ungeschlechtliche" Fortpflanzung ist ein vorzügliches Mittel zur Verbreitung der Art, besonders zur Zeit günstiger Lebensumstände. Aber was wird dabei aus unserem Individuum? Wie kann eine Ganzheit freiwillig auf ihre wichtigste Eigenschaft verzichten und sich in Teilganze auflösen? Unsere Hydra macht es grundsätzlich nicht anders, nur sieht es bei ihr anders aus (Abb. 70). Da wächst aus der Seitenwand des Körperschlauchs ein kleiner Höcker heraus; er streckt sich mehr und mehr, an seinem Vorderende kommen kleine Spitzen hervor und werden zu Fangarmen, schließlich bricht die Mundöffnung durch und ein junger Polyp ist fertig, der sich nur noch vom ursprünglichen Tier abzulösen braucht, um sein eigenes Leben zu führen. Aber schon vorher fängt er selbständig Beute und verdaut sie. Wann ist ein solches Gebilde nun ein Individuum und wann sind es zwei?

Abb. 70. Knospung beim Süßwasserpolypen.

Aber du brauchst gar nicht so weit in wenig bekannte Gegenden des Tierreichs zu gehen, um genau das gleiche zu erleben. Wenn wir von einer Pflanze „Stecklinge" machen, tun wir ja grundsätzlich dasselbe. Wir schneiden die ursprüngliche Pflanze in Stücke, stecken jedes für sich in die Erde, es schlägt Wurzel und ist bald zu einer völlig normalen Pflanze mit allen notwendigen Teilen geworden. Oder beobachte die Erdbeeren in deinem Garten: Im Sommer beginnen sie Ausläufer zu treiben, lange Ranken, die an der Erde hinkriechen. In regelmäßigen Abständen entstehen daran Sprosse mit Wurzeln und Blättern, sie verankern sich im Boden, die Ranke stirbt endlich ab und neue völlig selbständige Pflanzen sind entstanden. Das ist genau das gleiche wie die „Knospung" der Süßwasserpolypen. Der Ausdruck Knospung, den die Wissenschaft für diese Erscheinung bei den Tieren geprägt hat, weist schon darauf hin, daß man dies Verhalten als pflanzenartig empfindet.

Wer hier etwas gründlicher nachdenkt, dem wird vielleicht selbst auffallen, daß er das, was beim Tier so merkwürdig erscheint, bei der Pflanze gar nicht als so überraschend empfindet. Die Pflanze mit ihren nach außen gerichteten, sich vielfach wiederholenden Organen erscheint uns gar nicht so sehr als ein Individuum wie das Tier. Es fällt uns kaum auf, daß wir Teile von ihr wegschneiden können, ohne daß ihre Lebensfähigkeit dadurch nennenswert gestört wird; wäre das nicht, wer möchte noch im Garten einen Blumenstrauß schneiden! Wir wissen schon, daß diese ganz verschiedene Gestalt eng mit den Lebensbedingungen verknüpft ist; das Festwurzeln im Boden ermöglicht eine vielfältige, unregelmäßige Verteilung aller Organe, die freie Beweglichkeit zwingt zur Konzentration und prägt eine glatte, geschlossene Form. Bei der Pflanze führt jeder Teil in weit höherem Maße sein Leben für sich, daher erscheint es auch verständlich, daß er losgelöst meist leicht selbständig existieren kann. Wir haben auch gesehen, und das ist sehr wichtig, daß die Verbindung der Teile bei der Pflanze eine viel lockerere und trägere ist, weil ihr das Nervensystem fehlt. Die Pflanzen stellen also in der „Ichwerdung" gleichsam die unterste Stufe dar.

Gehen wir in der Tierreihe über die fast beliebig teilbaren Formen hinaus, so sehen wir eine immer zunehmende Vereinheitlichung. Einem Seestern z. B. kann man einen seiner fünf Arme abschneiden, er lebt im allgemeinen ruhig weiter, und nach einiger Zeit ist der Verlust durch Regeneration ersetzt. Bei manchen Arten kommt es auch vor, daß der abgetrennte Arm den übrigen Körper wieder bildet, das gibt den

„Kometenseestern", wie ihn Abb. 71 zeigt. Aber bei den meisten geht es nicht mehr oder höchstens, wenn ein Teil des Mittelstücks an dem Arm darangeblieben ist. Hier ist der Arm also offenbar im Begriff, seine Teilganzheit zu verlieren, seine Einzelbürger sind schon zu sehr unter die Herrschaft des Hauptganzen geraten, als daß sie sich bei der Trennung noch vollständig erhalten und ergänzen könnten. Ein Krebs, ein Insekt oder ein Molch können ein verlorengegangenes Bein noch ersetzen, aber niemals wird ein solches Bein noch zu einem ganzen Tier. Ebenso geht es mit dem Schwanz der Eidechse, den sie, wie du wissen wirst, leicht abbrechen kann, wenn man sie daran festhält. Er zuckt und zappelt noch eine Weile, geht aber unrettbar zugrunde, während die Eidechse ihren Schwanz nach einiger Zeit wieder ersetzt hat — allerdings sieht man die Bruchstelle auch später noch, und der neue Schwanz wird gewöhnlich nicht so lang und dick wie der alte. Bei den Insekten kann man einen anderen Unterschied gut beobachten. Schneidet man einer Larve, z. B. von einer Libelle oder Eintagsfliege ein Bein ab, so wird es wieder ersetzt. Bei der nächsten Häutung erscheint meist ein noch unvollkommener Stummel, bei der übernächsten ist das Regenerat gewöhnlich schon völlig normal. Schneidet man aber dem voll ausgebildeten Tier ein Bein ab, so wird es in den allermeisten Fällen nicht wieder gebildet. Ähnlich ist es bei den Fröschen: die Kaulquappe kann ein Bein noch wieder bilden, der fertige Frosch nicht mehr. Ist der Körper einmal völlig ausgestaltet und das normale Wachstum zu Ende, so ist alles anscheinend schon so festgelegt, daß die Umwandlungen und Neubildungen, die eine Regeneration erfordert, nicht mehr geleistet werden können. Bei den Warmblütern endlich ist das Regenerationsvermögen fast ganz verschwunden, wie wir Menschen nur zu oft bei uns selbst feststellen müssen. Es ist eben hier wie so oft; ein Fortschritt in einer Richtung

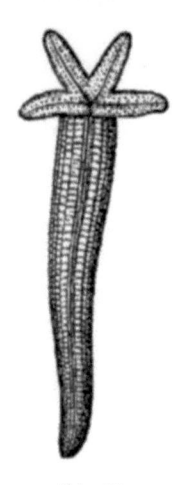

Abb. 71.
Kometenseestern.

muß mit einer Einschränkung an anderer Stelle ausgeglichen werden.

Suchen wir nach der Ursache, die uns das verschiedene Verhalten der Tiere erklären könnte, so finden wir sie wohl in der verschiedenen Ausbildung des Nervensystems. Wir haben ja oben gesehen, wie aus dem einfachen Nervennetz allmählich das Zentralsystem der Ganglienzellen und das periphere der Nervenfasern sich herausbildete. Es ist nun offenbar so, daß die Unabhängigkeit und Selbständigkeit eines Teiles in erster Linie davon abhängt, ob er noch eigene Nervenzentren besitzt. Sehr schön zeigen uns das die Stachelhäuter. Ein Seeigel z. B. hat in der ganzen Haut verteilt ein Nervennetz; mit diesem in Verbindung stehen 5 Nervenstränge, die alle nach dem Munde zu laufen und dort einen Nervenring bilden. Durchschneidet man nun diese Nervenstränge, so wird dadurch die Lebenstätigkeit der einzelnen Körperteile gar nicht tief beeinflußt. Ja man kann ein Stück der Schale mit Stacheln und Füßchen rings von der Umgebung lostrennen: alle Teile bewegen sich und antworten auf Reize, die sie unmittelbar treffen, ganz so, als ob sie im Zusammenhang mit dem Ganzen wären. Jedes Stück ist also in seinen Sinnes- und Nervenleistungen weitgehend vom übrigen Körper unabhängig; sehr hübsch bezeichnet von Uexküll, dem wir die interessantesten Versuche über diesen Gegenstand verdanken, ein solches Tier als eine „Reflexrepublik". Man könnte auch mit einem geläufigeren Ausdruck von einer weitgehenden Dezentralisierung der Verwaltung sprechen. Es ist daher zu verstehen, daß ein losgetrennter Arm noch weitgehend lebensfähig ist.

Ein weiter fortgeschrittenes Stadium können uns die Ringelwürmer und Gliederfüßer kennenlehren. Bei ihnen haben wir ein echtes Zentralnervensystem mit einer Bauchganglienkette und einem Gehirn. Durchtrennt man nun bei einem Krebs etwa die Nervenstränge zwischen zwei benachbarten Ganglien der Kette, so zeigt sich, daß damit das betreffende Segment keineswegs lahmgelegt ist. Die Beine können nach wie vor bewegt werden, der Herzschlag geht weiter, der Darm bewegt sich. Denn in dem Ganglienknoten befindet sich ja die

Zentralstation für das abgetrennte Segment. Eins aber ist verlorengegangen: der gleichsinnige Rhythmus mit den übrigen Segmenten. Versucht ein solches Tier zu laufen, so bewegen sich die isolierten Beine unabhängig für sich, die Zusammenordnung, Koordination, ist verloren. Wo diese herkommt, sieht man deutlich, wenn man die Verbindungsstränge durchschneidet, die um den Schlund herumlaufend das Gehirn mit der Ganglienkette verbinden, oder auch, wenn man dem Tier den Kopf ganz abtrennt. Ein solches Tier, etwa eine Fliege, bei der man den Versuch leicht machen kann, ist durchaus nicht tot. Es vermag auf den Beinen zu stehen, wenn man es anstößt, läuft es auch, aber unregelmäßig und unsicher; das Fliegen aber geht nicht mehr, weil dazu ein scharfes Zusammenarbeiten der Flügel notwendig ist, obwohl die einzelnen Flügel noch vollständig bewegt werden können. Das Gehirn reguliert also die Bewegung, indem es besondere Reize durch die ganze Ganglienkette schickt. Jede Teilstation ist also einerseits selbständig, andererseits darauf angewiesen, die Befehle einer übergeordneten Zentrale auszuführen. Fallen diese weg, so arbeitet sie automatisch auf Grund der Reize, die ihr von den ihr unterstehenden Sinnesorganen zufließen.

Beobachtet man ein solches Tier eingehender, so kann man noch etwas Überraschendes feststellen. Stößt man eine solche kopflose Fliege an, so läuft sie und hört in der Bewegung nicht auf, wenn sie nicht umfällt oder auf ein Hindernis stößt. Eine normale Fliege dagegen hält immer nach kurzer Zeit im Laufe inne. Etwas Ähnliches, das vielleicht noch deutlicher spricht, kann man an Nacktschnecken des Meeres, z. B. dem großen Seehasen unserer Mittelmeerküsten, beobachten (Abb. 72), wenn man hier die Nerven durchtrennt, die die zentralen Ganglienknoten mit dem Nervennetz der Peripherie verbinden. Ein solches Tier ist nicht etwa gelähmt, sondern im Gegenteil viel empfindlicher als ein normales. Jeder kleinste Reiz löst eine allgemeine unregelmäßig wogende Bewegung in der gesamten Muskelmasse aus. Das Tier scheint in einer ständigen Unruhe, ein Spielball der Einflüsse der Umgebung, in der ja fortdauernd irgendwelche kleine Veränderungen sich abspielen. Wenn ein normales Tier das nicht tut, so folgt offenbar daraus, daß von den Zentren aus nicht nur Antriebe kommen, sondern auch Hemmungen. Eine kurze Überlegung zeigt, daß dies außerordentlich wichtig ist. Es würde eine ungeheure Kraftvergeudung eintreten, wenn jeder kleine, irgendwo einwirkende Reiz beantwortet werden müßte. Außerdem wäre so nie ein geordnetes Zusammenarbeiten möglich. So sperrt offenbar die Zentralstation die untergeordneten Stationen für den Reizempfang, wenigstens bis zu einer gewissen Reizstärke und gibt andererseits selbst Anregungen zur

Abb. 72. Seehase.

Bewegung. Auf diese Art, mit Sporn und Zügel, macht es sich allmählich zum Beherrscher des ganzen Organismus.

Am höchsten entwickelt ist diese Oberleitung des Gehirns bei den Wirbeltieren. Dort sind alle Körperteile durch Nervenleitungen mit dem Gehirn verbunden, und die niederen Stationen im Rückenmark haben ihre Selbständigkeit weitgehend verloren. Allerdings nicht ganz, das sieht man an den Reflexen. Berührt z. B. unser Fuß ein Hindernis und zuckt zurück, so geschieht dies ganz ohne Beteiligung des Gehirns; wir machen es ganz unbewußt im Schlafe, und ein Hund, dem man die Verbindung zwischen Gehirn und Rückenmark durchtrennt hat, macht es genau so. Aber der Anteil dieser

Vorgänge an unserer Gesamtleistung ist verhältnismäßig recht gering, das weitaus meiste wird vom Gehirn reguliert. Dadurch ist hier die Vereinheitlichung am weitesten getrieben, das „Ich" am deutlichsten ausgeprägt.

12. Schluß.

Überblicken wir nun zum Schluß noch einmal den Gang unserer Betrachtung. Wir sahen, wie die aufsteigende Entwicklung der Lebewelt bedingt wird durch das Ineinandergreifen von Differenzierung und Zentralisierung. Die Arbeitsteilung liefert eine immer steigende Zahl immer feiner durchgebildeter Arbeitskräfte, die Zentralisierung rationalisiert und typisiert den Betrieb und sorgt für einen einheitlichen Arbeitsgang durch kettenartig ineinandergreifende Einzelleistungen. Man kann die ganze Entwicklung auch ansehen als eine fortschreitende Reihe von Erfindungen der Lebewesen zur Steigerung ihrer Leistungen. Heben wir aus ihnen noch einmal die wichtigsten heraus: An der Wurzel steht die Trennung der Körperzellen von den Keimzellen. Ihr folgt die Erfindung der Zweischichtigkeit, durch welche die ganze Verdauungsarbeit nach innen verlegt wird und die äußere Körperschicht freies Spiel zum Verkehr mit der Umwelt erhält. Der so entstandene Darm schafft sich dann als nächsten wichtigen Fortschritt eine zweite Ausgangsöffnung. Dadurch wird es möglich, daß die Nahrungsstoffe in einer Richtung durch den Darm fortgetrieben werden und so nacheinander den verschiedenen mechanischen und chemischen Einflüssen ausgesetzt werden können. Im Zusammenhang damit steht sicher, daß bei solchen Formen ein richtiges Kauen auftritt, wodurch eine Fülle von neuen Nahrungsstoffen der Bearbeitung erschlossen werden. Ein gewaltiger Schritt vorwärts ist dann die Erfindung des Blutes. Es ermöglicht den Nahrungstransport in vereinfachter Form, auch durch immer umfangreicher und massiger werdende Körper und schließt daran zugleich die Sauerstoffversorgung der Zellen an. Von größter Bedeutung ist, daß nur auf diesem Wege sich eine chemische Zentralisation durch die Wirkung der inneren Drüsenstoffe herbeiführen läßt. Bilden sich in diesem Blut dann weiter die Blutfarbstoffe aus, so steigen die Verbrennungsmöglichkeiten und damit die Arbeitsleistungen ganz außerordentlich, und es ergibt sich die Möglichkeit, die entstandene Wärme zur Dauerheizung des Körpers auszunutzen. Ein weiterer großer Schritt ist die Erfindung des Skeletts, dessen Verbindung mit der Muskulatur erst ausgiebige und schnelle Bewegung ermöglicht, sowie die Konstruktion einer undurchlässigen Körperoberfläche, die allein das Leben auf dem Lande und in der Luft gestattet. Grundlegend für die Vereinheitlichung der Lebensvorgänge wird schließlich die Erfindung des Nervensystems und seine Ausgestaltung vom Nervennetz bis zu einer Zentralleitung im Gehirn.

Diese Erfindungen nun sind im Tierreiche durchaus nicht gleichmäßig gemacht worden. Je nach der mehr oder weniger glücklichen Konstruktion gliedert sich das Reich der Lebewesen in die einzelnen Tierstämme. Genau wie in der menschlichen Technik drängen auch hier die vollkommeneren Leistungen die schwächeren zurück. Daher finden wir noch heute im Meere eine ganze Sammlung altertümlicher Lebenstypen, die dort unter den gleichmäßigeren und einfacheren Bedingungen sich erhalten konnten. Das Leben auf dem festen Lande bietet weit größere technische Schwierigkeiten und ist daher nur den vollkommener ausgebildeten Formen zugänglich, gibt ihnen aber dafür auch durch den Wechsel der Bedingungen immer neue Anreize zu weiteren Fortschritten. Es sind eigentlich nur zwei Formenkreise, die sich diesen Lebensbereich in vollem Umfange erobert haben, die Insekten und die Wirbeltiere. Auch sie stehen ihm aber mit verschiedenen Hilfsmitteln gegenüber. Daß die Insekten sich für das Außenskelett entschieden, bedingt ihre geringe Größe, da dieser Panzer verhältnismäßig außerordentlich schwer ist. Diese Kleinheit ist nun wohl die eigentliche Ursache dafür, daß sich bei den Insekten keine Dauerheizung des Körpers durchführen ließ, denn kleine Körper haben eine im Verhältnis sehr große Oberfläche, dadurch wird die Ausstrahlung sehr gesteigert, und es wären zur Dauerheizung so große Wärmemengen nötig, daß sie durch die Ernährungsarbeit nicht beschafft werden können. Andererseits hat vielleicht gerade diese Kleinheit es den Insekten ermöglicht, sich in so ungeheurer Formenfülle allen Lebensbedingungen anzupassen und die allerverschiedensten Daseinsmöglichkeiten in raffinierter Weise auszunutzen. Wie überragend der Einfluß der Dauerheizung ist, sehen wir an den Wirbeltieren, unter denen die warmblütigen Formen ihre niederen Verwandten auf dem festen Lande völlig überflügelt haben. Sie stellen ohne Zweifel in Arbeitsteilung wie in Zentralisation die höchsten Leistungen dar, die das Leben auf der Erde hervorgebracht hat.

Aus ihnen heraus hebt sich nun wieder der Mensch. Seine Vorzugsstellung beruht nicht so sehr auf einer besonderen Ausgestaltung seiner verschiedenen Organsysteme, sondern allein auf der hohen Entwicklung des Gehirns. Dessen Vervollkommnung ermöglicht es ihm, das, was die anderen Lebewesen durch Ausgestaltung ihres Körpers erreichen, durch die Beschaffung von Werkzeugen auszugleichen und zu übertreffen. So steht die Erde heute eindeutig im Zeichen des Menschen. Man pflegt in der Wissenschaft auch wohl frühere Perioden nach derjenigen Gruppe von Lebewesen zu kennzeichnen, die ihr ihr besonderes Gepräge gab. Unter den Meeresbewohnern findet man im Altertum der Erde vorherrschend die Trilobiten, merkwürdige krebsartige Lebewesen, ihnen folgt eine andere Periode, die durch besondere Entwicklung der Stachelhäuter ausgezeichnet ist, und im Mittelalter der Erde erscheinen tonangebend die Ammoniten, tintenfischartige Weichtiere. Das Leben auf dem Lande war im Anfang gekennzeichnet durch die mächtige Entwicklung der Pflanzenwelt in der Steinkohlenzeit. Die mittlere Erdperiode stand unter der Herrschaft der Kriechtiere; im Beginn der Neuzeit wurde sie abgelöst durch die der Säugetiere. Keine einzige dieser Gruppen von Lebewesen hat aber wohl dem Antlitz der Erde so entschieden sein Gepräge gegeben, wie es jetzt der Mensch zu tun beginnt. Denn diese einzige Lebensform beherrscht wirklich die Erde und drängt alle anderen mehr und mehr zur Bedeutungslosigkeit zurück. Wenn sich im Anfang seiner Entwicklung der Mensch nur mühsam zwischen den großen Säugetieren der ihn umgebenden Wildnis behaupten konnte, so sind sie jetzt ihm gegenüber ohnmächtig. Alle ihre Kraft und Gewandtheit bedeutet nichts mehr gegenüber den Waffen, die der Mensch sich geschaffen hat. Wo sie ihm in den Weg treten, verdrängt er sie und rottet sie aus, und wir sind ja jetzt bereits so weit, daß nur mühsam unter der Obhut des Menschen einige kümmerliche Reste dieser stolzen Schöpfungszeit erhalten werden können. Die einzige Tiergruppe, die dem „Herren der Schöpfung" heute noch ernstlich zu schaffen macht, sind die Insekten. Zwar bedrohen sie ihn unmittelbar nur in geringem Maße, aber sie vergreifen sich an den auserlesenen Vertretern der Lebewelt, die der Mensch in seine besondere Obhut genommen hat. Unsere ganze Kulturentwicklung geht ja darauf hinaus, aus der uns umgebenden Fülle des Lebendigen diejenigen Formen auszuwählen, die uns nützlich sein können, sie zu pflegen und ihnen den nötigen Lebensraum zu ihrer Entfaltung zu schaffen. So gestaltet der Mensch immer einschneidender das Antlitz der Erde um. Aus der Wildnis wird die Kulturlandschaft, die weit ärmer an Lebensformen ist, diese dafür aber zur vollkommensten Entfaltung bringt. Hier stellen sich nun der Arbeit des Menschen die Insekten hindernd in den Weg. Die Einseitigkeit und Rücksichtslosigkeit, mit der der Mensch dabei ohne Beachtung der natürlichen Lebensgesetze vorgegangen ist, hat es mit sich gebracht, daß gerade diese kleinen Gegner sich die ihnen gebotene Gelegenheit zunutze gemacht haben und ihren Anteil an der Arbeit des Menschen fordern. Ungeheure Mengen der von den Menschen angebauten Nutzpflanzen werden jährlich von den Insekten zerstört, in all seinen Vorräten nisten sie sich mehr und mehr ein. Mit allen Mitteln ist der Kampf gegen diese „Schädlinge" jetzt entbrannt, und es kann kein Zweifel darüber bestehen, daß der Mensch mit seiner überlegenen Technik hier früher oder später siegen wird.

Dann bleibt ihm aber noch eine letzte große Aufgabe. Denn inmitten all dieser fortgeschrittenen Sprossen am Baum des Lebens hat sich noch eine Fülle der Formen erhalten, aus denen dieser Baum einst selbst hervorgegangen ist: die Einzelligen. Und ihre Bedeutung ist eine ganz ungeheuere. Es liegt etwas eigenartig Dramatisches in der Vorstellung, wie jetzt die höchstentwickelte Lebensform mit der niedrigsten und ursprünglichsten in einen entscheidenden Kampf tritt. Beide sind überall zu Hause und fähig, sich in allen Verhältnissen einzurichten. Während aber der Mensch aktiv alle Hindernisse des Lebens überwindet, verhalten sich die Einzeller eher passiv. Winzig klein, aber in ungeheurer Zahl erfüllen sie den gesamten Lebensraum, gedeihen, wo sie günstige Bedingungen finden und entgehen ungünstigen Verhältnissen dadurch, daß sie sich in Dauerzustände verwandeln, in denen sie Hitze und Kälte, Austrocknung und Nahrungsmangel ohne Schaden zu trotzen vermögen. So sind sie überall und nirgends und in ihrer Anspruchslosigkeit und Kleinheit ein schwer zu fassender Gegner.

Doch wäre es falsch, sie nur als Feinde zu betrachten, sie sind vielmehr ein durchaus notwendiges Glied in der Kette des lebendigen Geschehens. Wir haben früher gesehen, daß Tiere ohne Pflanzen nicht leben können, weil sie von ihnen allein die organische Nahrung erhalten, die ihnen zum Aufbau ihres Körpers unentbehrlich ist. Die grünen Pflanzen wiederum könnten nicht existieren, wenn nicht die Bakterien wären, die immer wieder die abgestorbenen Körper der höheren Lebewesen in ihre einfachen chemischen Bestandteile auflösen. So entsteht ein ungeheurer Kreislauf der Lebensstoffe, aus dem man die Arbeit der Einzeller nicht herausnehmen kann, ohne das Ganze zum Untergang zu bringen. Wir kennen diese Zersetzungsarbeit der Bakterien aus dem Meere, wo besonders der Bodenschlamm von ihnen wimmelt. Im Kulturboden unserer Wälder und Felder lernen wir ihre Mitarbeit immer höher schätzen. Wir wissen, daß die Wurzeln der höheren Pflanzen ohne ihre Vorarbeit ihre Aufgabe der Aufsaugung der Nahrungsstoffe gar nicht erfüllen könnten. Die Wurzeln vieler Bäume umgeben sich mit einer ganzen Hilfsarmee von Bakterien, die ihre Saugwurzeln umkleiden und vielleicht die Hauptarbeit bei der Herbeischaffung der Nahrung leisten müssen.

Andererseits haben wir schon gesehen, wie gefährlich die niedersten Lebewesen werden können, wenn sie sich den Körper der Tiere und des Menschen als Wohnsitz aussuchen. Die schwersten und gefährlichsten Krankheiten, unter denen die Menschheit heute noch leidet, sind Bakterienkrankheiten, die Volksseuche der Tuberkulose, die ansteckenden Krankheiten, die auf ihrem Zuge auch heute noch ungezählte Menschen dahinraffen. Das gelbe Fieber, die Malaria, die Schlafkrankheit schränken noch heute die Bewohnbarkeit weiter Erdgebiete ein. Es ist erst wenig über 50 Jahre her, daß der Mensch diese seine gefährlichsten Feinde wirklich erkennen gelernt hat. Seitdem sind schon wichtige und segensreiche Fortschritte erreicht, aber dieser Kampf ist noch lange nicht zu Ende. Von den Lebensgewohnheiten der uns hilfreichen Bakterien im Wasser und im Boden wissen wir verhältnismäßig noch viel weniger. Und doch kann die Menschheit erst dann mit wirklicher Berechtigung sagen, daß sie Herrin der Erde ist, wenn sie auch diese einfachsten Lebensgenossen gezähmt hat.

Verfolgen wir nun diesen Weg, den die Menschheit zur Beherrschung der Erde zurückgelegt hat, so finden wir ihn ebenso gekennzeichnet durch eine Reihe von Erfindungen. Die Entwicklung der menschlichen Technik ist in dem Sinne durchaus ein Parallelfall zur Entwicklung der höheren Lebensformen. Nur liegt der Unterschied hier darin, daß der Mensch, weil er nicht an die belebte Natur gebunden ist, sondern sich den Zugang zu der fast unbegrenzten Fülle der Stoffe und Kräfte der unbelebten Natur erschlossen hat, Leistungen erreicht, die über die körperliche Vervollkommnung der Lebewesen weit hinausgehen. Die Folge dieser technischen Fortschritte war eine zunehmende Verbesserung der Lebensbedingungen der Menschheit, und diese wiederum bedingte eine ständig steigende Zahl von Einzelindividuen. Aus den weit getrennt lebenden Horden und Stämmen der Urmenschen ist heute bereits eine dichte Besiedlung der günstigen Erdflächen geworden, und schon taucht die Frage auf, wie lange der Erdball der Menschheit noch den genügenden Raum und die erforderliche Nahrung bieten kann. Bei diesem Fortschritt beobachten wir wieder das Spiel der gleichen Kräfte: Arbeitsteilung und Zusammenschluß zu einheitlicher Wirkung. Von der Arbeitsteilung haben wir schon früher Beispiele genug gesehen, auch die Vereinheitlichung läßt sich leicht in einigen großen Umrissen andeuten.

Denke an primitive Völker: Dort schafft die Familie im wesentlichen ihren Bedarf selbst. Aber einiges kommt doch schon von außen; durch Tauschverkehr werden allerhand wertvolle und begehrte Sachen von Hand zu Hand weitergegeben. Hier siehst du das gleiche wie beim einfachen Stoffaustausch von Zelle zu Zelle im wenig differenzierten Tier. Die Gesamtzahl der Einzelindividuen ist noch gering, das Austauschbedürfnis wenig lebhaft, so genügt dies langsame und schwerfällige Verfahren. Der Umfang der geselligen Gebilde wächst, die Ansprüche steigen, was entsteht? Die „Verkehrsadern", in denen das Blut des Stoffaustausches zu rollen beginnt. Dazu dienen die natürlichen Adern eines Landes, seine Wasserläufe, die der Mensch mit seinen Fahrzeugen zu benutzen lernt. Aber daneben bilden sich die von ihm selbst geschaffenen; von Tausenden von Füßen ausgetreten, ziehen sich die Negerpfade durch Steppe, Busch und Urwald, Karawanenstraßen verbinden die Völker durch unbesiedelte Wüstenstrecken und über Gebirgsscheiden. Kamele, Pferde, Esel, Ochsen tragen die Lasten, Wagen beginnen zu rollen. Straßen werden angelegt, Kanäle gegraben, das eiserne Band der Schienen legt sich über die Erde; Ruderboot, Segelschiff und Dampfer verwandeln das Meer aus trennender Schranke zum bequemen Verbindungsweg, Flugzeuge und Luftschiffe erschließen das pfadlose Luftmeer. Weiter und weiter, zugleich feiner und feiner spannt sich das Netz, schneller und stärker strömt von Jahrhundert zu Jahrhundert das Blut durch die Verkehrsadern der Menschheit, aus dem Austausch der Nachbarn wird der Weltverkehr. Wie jede Zelle deines Körpers durch das Blut mit den entferntesten Gliedern, so stehst du als moderner Kulturmensch durch den Verkehr im Austausch mit den tätigen Menschenkräften der ganzen Weltgemeinschaft. Und wie das Blut im Körper, so transportiert das Adernetz des Verkehrs im wesentlichen zwei Dinge: Baustoffe und Energie. Wie die Gliederung in die Arbeitsgruppen der Organe erst ermöglicht wird durch den Austausch ihrer Erzeugnisse, so entstehen die großen Arbeitsorgane der Volksgemeinschaften erst durch den Verkehr, der den Austausch ihrer Überschüsse ermöglicht. Brasilien versorgt die Welt mit Kaffee, Indien mit Reis, Nordamerika, Argentinien, Australien mit Weizen, die Herden der großen Grasländer liefern Fleisch, die Baumwollgebiete geben Kleidung, die Waldbezirke Papier und Kunstseide, die Erzgebiete Rohstoffe für die Maschinen. Ungezählte Bahnzüge und Dampfer tauschen die Weltproduktion in ihren Überschüssen gegeneinander aus, immer mehr wirst du „Weltbürger" durch diesen deinen Anteil am Verkehr, du magst wollen oder nicht. Und wie die Erzeugung der Rohstoffe, so konzentriert sich die der Energie. Kohlenzüge rollen mit dem Produkt der Gruben durch alle Länder, Rohrleitungen führen das Petroleum über Hunderte von Kilometern von den Ölfeldern, in den Fernleitungen beginnt das Leuchtgas zu strömen, Hochspannungsleitungen verteilen die aus der „weißen Kohle" gewonnene Energie. Wir sehen, wie die Verarbeitung der Rohstoffe sich zunächst um diese Erzeugungsstellen zusammendrängt, die „Industriezentren" entstehen, und wir erleben vielleicht gerade jetzt die Zeit, in der diese Zusammenballung infolge der wachsenden Energieverteilung wieder einer zweckmäßigeren und gesünderen Gliederung weicht.

In diesen sich immer enger zusammenschließenden Wirtschaftskörper zieht die „Rationalisierung und Typisierung" ein, die die Natur uns schon längst vorgemacht hat. Kommst du als Weltreisender heute nach Paris, London oder Neuyork, nach Argentinien, Australien oder China, so findest du in den Hotels Unterkunft und Verpflegung fast ebenso, wie du sie von daheim gewohnt bist, mit kleinen, durch das Klima bedingten Abweichungen. Auch die Kleidung des Kulturmenschen strebt immer mehr einem einheitlichen Typus zu, Sitten und Lebensgewohnheiten gleichen sich mehr und mehr an. In Esperanto erwächst eine von nationalen Unterschieden unabhängige Weltsprache. Die Technik stellt ihre Erzeugnisse mehr und mehr auf eine gleichförmige Massenproduktion um. Automobile, landwirtschaftliche und technische Maschinen werden in immer weniger Typen hergestellt, damit überall die gleichmäßig passenden Ersatzteile zur Hand sind. In den Fabriken verdrängt der genau geregelte, in zahllose Einzelhandgriffe zerlegte Arbeitsgang am laufenden Band die umständlichere und kostspieligere Arbeit des alten Handwerkers, der sein Werkstück allein in allen Teilen fertig machte.

Neben den Austausch der Stoffe tritt der Austausch der Reize. In urtümlichen Zeiten der Verkehr von Mund zu Mund, langsam, schwerfällig und unsicher, nur im engen Kreise möglich. Die weitere Welt steht noch ganz außerhalb dieses Reizgetriebes. Die Kreise weiten sich: Auf den Straßen des Perserreiches stehen die Etappen der Postreiter, die Befehle und Nachrichten in erstaunlich kurzer Zeit zwischen Zentrum und Peripherie befördern. Vorbildlich wird der Nachrichtendienst im Römerreich, riesenhaft und bewundernswert im Weltreich des Dschingiskhan und seiner Nachfolger. Die Schrift folgt dem Wort, die ersten Zeitungen erscheinen in Rom. Von der Trommelsprache der Neger Afrikas und den Lichtsignalen des Altertums treibt eine Erfindung nach der anderen die Reizleitung immer freier in den Raum hinaus. Der Telegraph überliefert die Schriftzeichen, das Telephon das gesprochene Wort, der drahtlose Sender schwingt frei im Luftraum. Raum und Zeit schrumpft zusammen: wie die Leitung von der Körperoberfläche zum Gehirn beim hochentwickelten Tier fast ohne Zeitverlust erfolgt, so umkreisen die Wellen der drahtlosen Stationen in Sekunden den Erdball. Was hier geschieht, hört und liest fast zur gleichen Zeit die ganze Welt, bald wird sie es auch sehen.

Was fehlt, ist die einheitliche Zentrale. Eine wirre, regellos und ohne Koordination mit und gegeneinander arbeitende Reflexrepublik ist der werdende Organismus der Menschheit. Wird er dereinst von einem „Gehirn" geleitet werden, das hemmend und fördernd den Gang des Ganzen bestimmt?

Es kann nicht die Aufgabe des Naturforschers sein, auf diese Fragen weiter einzugehen. Einen Punkt muß ich aber noch betonen, der für das Verhältnis des Einzelmenschen zur Menschheit von entscheidender Bedeutung ist. Es gibt etwas, das den Menschen als Individuum weit hinaushebt über seine Lebensgenossen: in ihm ist sich das Ich seiner selbst bewußt geworden in einer Weise, die das, was wir von anderen Lebewesen annehmen können, sicher weit übertrifft. Bewußtsein ist uns nur bekannt als Erleben an uns selbst, wir können wohl schließen, daß es auch andere Lebewesen haben, beispielsweise die höheren Wirbeltiere wenigstens in einem gewissen Umfange, wie weit es aber in der Tierreihe hinabreicht, in einer Form, die sich einigermaßen der unsrigen vergleichen läßt, vermögen wir nicht zu sagen. Es ist sehr wichtig, sich darüber klar zu werden, daß das Vorhandensein eines Ich, d. h. einer Einheitlichkeit des Individuums, nicht an das Bewußtsein geknüpft ist. Wohl aber bekommt unser Ich durch sein bewußtes Erleben ein ganz anderes Gepräge, einen höheren Wert. Die Einheit, die wir körperlich fast oder ganz unbewußt in uns walten lassen, tritt uns im Geistigen erst in ihrer vollen Geschlossenheit entgegen. Und dieses zum Selbstbewußtsein erwachte Ich kann sich nicht mehr in einseitiger Verkümmerung und Spezialisierung in den Zwang eines höheren Ganzen einordnen. Der Mensch wird ein Diener der Menschheit sein, aber in freiwilliger, bewußter Hingabe eines Teiles seiner Kräfte zum allgemeinen Nutzen. Und die Allgemeinheit wird ihre höchste Aufgabe sehen im Dienste an der Einzelpersönlichkeit. Denn sie wird wissen, daß der Geist aus seinem innersten Wesen zur Ganzheit strebt, daß erzwungene Teilentwicklung seine besten Kräfte zerstört und daß seine höchste Aufgabe sich erfüllt, wenn er das Ganze, dessen Teil er ist, in harmonischem Bilde spiegelt. Und in diesem Reiche des freien Menschen in der freien Gemeinschaft wird erst recht das Wort dessen gelten, der am tiefsten Geist wie Natur erschaut hat: „Höchstes Glück der Erdenkinder ist doch die Persönlichkeit!"

Sachverzeichnis.

Adrenalin 136.
After 31.
Aminosäuren 94.
Ammoniten 150.
Amöbe 5.
Anpassung 73.
Antiserum 100.
Arbeitsteilung 13.
Atmung und Verbrennung 111.
Atmungsorgane 37.
Augen 44.
Axolotl 135.

Bakterien 151.
Bauchspeicheldrüse 36.
Befruchtung, innere 55.
Begattungsorgane 55.
Bewußtsein und Individuum 157.
Bilateralität 64.
Blut 85.
—, artfremde Eiweißkörper im 101.
—, osmotischer Druck 108.
—, Salze im 107.
— als Sauerstoffträger 112.
—, spezifische Eiweißkörper 95.
— Transfusion 101.
Blutgruppen 101.
Blutkörperchen, rote 114.
—, weiße 97.
Blutvergiftung 98.

Camera obscura 45.

Darm 31.
Daumenschwielen der Frösche 131.
Desinfektion 98.
Diffusion 102.
Diphtherie 100.

Drüsenzellen 19.
Düngung 92.

Einzellige Lebewesen 4.
Eiter 97.
Eiweiß, Gerinnung 119.
Erdbeeren, Ausläufer 143.
Ernährung der Pflanzen 91.

Fermente 93.
Fische, Kiemen 37.
—, Seitenlinie 48.
Fledermäuse, Flugorgane 72.
Flußkrebs, Kiemen 37.
Fortpflanzungsorgane 52.
Fühler, Geruchsorgane 43.

Gehirn 128.
Gehörknöchelchen, Entwicklung 52.
Geißeln, als Bewegungsorgane 28.
Gelber Körper, Hormon des 133.
Gelbrandkäfer, Saugscheiben 57.
Gleichgewichtsorgane 50.
Gliederfüßer, Augen 47.
—, Beine 66.
—, Fühler 43.
—, Mundgliedmaßen 33, 67.
—, Nervensystem 128.
—, Panzer 27.
—, Regeneration 144.
—, Segmentierung 65.
Gliedmaßen, Entstehung der 65.
Grottenolm 135.

Hämoglobin 114.
Harnblase 42.
Häutung 27.
Heizstoffe, organische 110.

Heraklit 73.
Herz 88.
Hirschkäfer, Zangen des Männchens 58.
Hormone 132.
Hörorgane 48.

Immunisierung 100.
Individuum 1.
Infektionskrankheiten 96.
Insekten, Duftorgane 56.
—, Flugorgane 72.
—, Fühler der Männchen 56.
—, Kleinheit der 149.
—, als Schädlinge 151.
—, Tracheen 39.
—, Zirporgane 56.
Insulin 137.

Kammertierchen 25.
Kampf ums Dasein 73.
Kaulquappen, Verwandlung 133.
Keimzellen 13.
Kiemen 37.
Kochsalz, in der Nahrung 109.
Kohlehydrate 92.
Kohlenlager 111.
Kohlenoxydvergiftung 111.
Kohlensäure, im Blut 112.
Kometenseestern 144.
Kommunismus beim Kugeltierchen 11.
Koordination 146.
Körpertemperatur der Warmblüter 110.
Kropfkrankheit 135.
Kubu 9.
Kugeltierchen 10.

Leber 36.
Leibeshöhle 86.
Lichtsinn 43.
Luftpumpe, Ventile 89.
Lungen 38.

Malaria 96.
Mimose 120.
Moschus 56.
Muskeln 28.
Muskelfibrillen 21.
Muskelmagen 35.

Nautilus, Auge 44.
Nervenleitung, Geschwindigkeit 125.
Nervennetz 122.
Nervenzellen 21, 121.
Nervenzentren 124.
Nesselzellen 20.
Nieren 41.
— und Salzkonzentration 109.

Oberflächenvergrößerung 77.
Osmose 103.
Osmotischer Druck 104.

Pepsin 94.
Permeabilität, physiologische 106.
Persönlichkeit 157.
Petroleum 111.
Pfeffer 105.
Pflanzentiere 16.
Phototropismus bei Keimpflanzen 129.
Plasmolyse 105.
Plattwürmer, Darmkanal 86.
—, Nieren 41.
—, Teilbarkeit 141.
—, zweiseitige Symmetrie 64.
Pocken 99.
Protisten 4.
Protoplasma 92.
—, Salze im 106.

Qualle, Darmkanal 85.
—, Nervenleitung 122.

Rationalisierung der Ernährung 95.
— in der Technik 155.
Raupe, Herzkammern 89.
Reflex 125.
Reflexrepublik der Stachelhäuter 145.
Regeneration und Nervensystem 145.
Regenwurm, Teilbarkeit 138.
Reizbarkeit 120.
Reizstoffe bei Pflanzen 130.
Richtungssehen 44.
Ringelwürmer, Blutgefäße 87.
—, Segmentierung 65.
—, Selbstteilung 141.
Röhrenwürmer, Kiemen 38.
Rösel von Rosenhof 15, 140.

Salzlecken 109.
Salzlösungen, osmotischer Druck 104.
Schalentiere 26.

Schilddrüse, Hormon 134.
Schreckenssaurier 80.
Schutzimpfung 99.
Schutzstoffe im Blut 99.
Seehase 146.
Segmentierung 65.
Selbstteilung 141.
Sinneszellen 21.
Spaltpilze 96.
Spezialisierung der Zellen 81.
Spinnen, Begattungsorgane 55.
—, Lungen 38.
Stachelhäuter, Schale 26.
Stecklinge bei Pflanzen 142.
Strickleiternervensystem 128.
Süßwasserpolyp 15.
—, Knospung 142.
—, Teilbarkeit 139.
Symmetrie 63.

Tastzellen 42.
Temperaturkoeffizient 117.
Tintenfische, Augen 47.
Tod, Entstehung des 13.
Toxine 96.
Tracheen 39.
Trembley 139.
Trilobiten 150.
Trypsin 94.
Turgor bei Pflanzen 106.
Typisierung der Ernährung 95.
— in der Technik 155.

Uexküll, von 145.

Verbrennung 110.
— als Energiequelle 113.
Verdauung 91.

Wärmeerzeugung 113.
Wärmeregulation 118.
Wasser als Lebensraum 14.
Wechseltierchen 5.
Wimpern als Bewegungsorgane 28.
Winterschlaf 116.
— und Schilddrüse 135.
Wirbeltiere, Augen 46.
—, Beine 67.
—, Darm 36.
—, Darmzotten 77.
—, Flugorgane 72.
—, Gehirn 147.
—, Haut 27.
—, Herz 88.
—, Lungen 79.
—, Nervensystem 128.
—, Niere 41.
—, Regeneration 144.

Zähne 31.
Zellenstaat 2.
Zellulose 92.
Zünfte 59.
Zwittrigkeit 54.

MIX
Papier aus verantwortungsvollen Quellen
Paper from responsible sources
FSC® C105338

If you have any concerns about our products,
you can contact us on
ProductSafety@springernature.com

In case Publisher is established outside the EU,
the EU authorized representative is:
**Springer Nature Customer Service Center GmbH
Europaplatz 3, 69115 Heidelberg, Germany**

Printed by Libri Plureos GmbH
in Hamburg, Germany